Wie mache ich aus einem Elefanten wieder eine Mücke?

Wie mache ich aus einem Elefanten wieder eine Mücke?

Mit Emotionen konstruktiv umgehen

von

Theo IJzermans und Roderik Bender

aus dem Niederländischen übersetzt von

Waltraud Heitzer-Gores

HOGREFE

GÖTTINGEN · BERN · WIEN · PARIS · OXFORD
PRAG · TORONTO · BOSTON · AMSTERDAM
KOPENHAGEN · STOCKHOLM · FLORENZ

Titel der Originalausgabe:
Hoe maak ik van een olifnat weer een mug? Ratinele Effectiviteitstraining voor gevorderden
Erste Auflage 2004

Bibliografische Information Der Deutschen Bibliothek
Die Deutsche Bibliothek verzeichnet diese Publikation in der Deutschen Nationalbibliografie; detaillierte bibliografische Daten sind im Internet über http://dnb.dnb.de abrufbar.

Göttingen • Bern • Wien • Paris • Oxford • Prag • Toronto • Boston
Amsterdam • Kopenhagen • Stockholm • Florenz
Merkelstraße 3, 37085 Göttingen

http://www.hogrefe.de
Aktuelle Informationen • Weitere Titel zum Thema • Ergänzende Materialien

---

Umschlagabbildung: © Jumpstart Studios – Getty Images
Satz: ARThür Grafik-Design & Kunst, Weimar
Gesamtherstellung: Media-Print Informationstechnologie GmbH, Paderborn
Printed in Germany
Auf säurefreiem Papier gedruckt

ISBN 978-3-8017-2476-4

Inhalt

D Ausgewählte Themen, genauer beleuchtet

Anhang

Vorwort

Die Rational-Emotive Therapie (RET), auch Rationales Effektivitätstraining genannt, hat in den letzten Jahren deutlich an Bekanntheit gewonnen. Fachleuten wie Therapeuten, Coaches, Beratern und Trainern ist der Ansatz des US-amerikanischen Psychologen und Psychotherapeuten Albert Ellis (1913–2007) schon länger ein Begriff.

Heute werden immer mehr Menschen, auch aus anderen Bereichen, mit der Methode vertraut: durch Bücher und Artikel oder bei Workshops und im individuellen Coaching. Die Anziehungskraft ist zu einem großen Teil auf das Basisprinzip der RET, das für viele Menschen einen hohen Wiedererkennungswert hat, zurückzuführen: Nicht eine Situation an sich, sondern unsere Überzeugungen und Gedanken, die wir im Hinblick auf diese Situationen haben, bestimmen, wie wir uns fühlen, und ob wir Stress empfinden oder nicht. Eine Überprüfung des Wahrheitsgehalts unserer vorhandenen Überzeugungen kann Spannungen lösen und Druck abbauen. Damit ist bereits das Wichtigste über die praktische Anwendung von RET gesagt.

Die Einfachheit des Grundprinzips kann allerdings auch, wie wir feststellen mussten, zu Simplifizierungen führen. So wird häufig angenommen, dass die RET ausschließlich dazu da ist, zu überprüfen, ob die eigene Wahrnehmung und die Interpretation von stressauslösenden Ereignissen stimmig sind. Wenn man etwa zu der Schlussfolgerung gelangt, dass die Kritik des Vorgesetzten gar nicht so gemeint war, kann man sich also wieder beruhigen. Innerhalb der RET wird empfohlen, sich die Fakten genau anzusehen und die Richtigkeit der eigenen Interpretationen zu überprüfen. Aber, damit ist es noch nicht getan. Manchmal ist die Schlussfolgerung für sich genommen richtig. Nehmen wir ein Beispiel: Es gibt gravierende Kritik an Ihrem Verhalten. Nun stehen Sie mit leeren Händen da. Die nächste Frage, die hier ins Spiel kommt, lautet: Wie schlimm ist es, wenn tatsächlich schwerwiegende Kritik an Ihrem Verhalten geäußert wird? Im System der RET wird der Nachdruck darauf gelegt, diese *Bewertungen* von Ereignissen zu hinterfragen. Wie übersteht man das, wenn schreckliche Sachen vorgefallen sind und wenn reale Bedrohungen im Raum stehen? Einmal angenommen, man würde Ihnen kündigen oder Sie würden Ihr gesamtes Vermögen verlieren oder andere würden Ihre wichtigsten Normen missachten. In aller Kürze: Es geht hauptsächlich darum, zu lernen, mit negativen Ereignissen und/oder Rückschlägen besser fertig zu werden, ohne dass man seine Zuflucht in der Umdeutung der Wirklichkeit sucht, indem man eine allzu rosarote Brille aufsetzt oder sich in eine Überlegenheitspose begibt.

Die Rational-Emotive Therapie ist nicht dasselbe wie positives Denken und sie geht über eine realistische Interpretation der Wirklichkeit hinaus. RET unterscheidet sich von anderen kognitiven Therapie- und Trainingsmethoden insbesondere dadurch, dass sie den Nachdruck auf unsere *Bewertungen der Ereignisse* legt. Die Überzeugungen und die Glaubenssätze, die den oft überzogenen Bewertungen zugrunde liegen, sind das Hauptanliegen der RET. Im eingangs erwähnten Beispiel, in dem es um Kritik am Verhalten eines Mitarbeiters geht, kommt es darauf an, zu lernen, sich emotional nicht zu sehr in eine Situation hineinzusteigern, auch wenn man vom Vorgesetzten keine Wertschätzung erfährt. Diesen Aspekt wollen wir in diesem Buch besonders hervorheben. Wie man richtiges Wahrnehmen und richtiges Interpretieren üben kann, sind weitere wichtige Punkte, die wir genauer ansehen werden.

Viele Leserinnen und Leser unseres Buches „Wieder Ärger im Büro? Mit Emotionen am Arbeitsplatz konstruktiv umgehen“ (IJzermans & Dirkx, 2012) haben uns gefragt, wie sie die erlangten Kenntnisse in der Praxis weiter vertiefen können. Bei unserem Gruppentraining und den individuellen Coachings haben wir gemerkt, dass es gut wäre, mehr Literatur zu haben. Dieses Buch ist für jeden geeignet, der lernen möchte, die RET bei sich selbst (oder bei anderen) noch besser anzuwenden. Die menschliche Neigung, aus Mücken Elefanten zu machen, ist und bleibt eine hartnäckige Angelegenheit. Dieses Buch greift den roten Faden aus „Wieder Ärger im Büro?“ auf und führt ihn weiter, hin zu verschiedenen Themen, wie Probleme in der Führungsarbeit, Widerstand gegen Veränderungen und Aufschiebeverhalten.

Das Buch ist folgendermaßen aufgebaut: Wir beginnen mit der Funktionsweise der RET-*Methode*, gehen dann ausführlich auf die Vor- und

Nachteile sowie die Funktion einiger *Emotionen* ein und erläutern den Zusammenhang mit dem dazugehörigen Stress. Dann sehen wir uns einige weit verbreitete *irrationale Gedanken* an, die unnötigen Stress verursachen können und zum Schluss beleuchten wir gängige Themen aus der Arbeitswelt, die mithilfe der RET gut in den Griff zu bekommen sind.

Für das Zustandekommen unseres Buches danken wir Tieneke Dijkstra und unserer Verlegerin Monique Lindzen herzlich. Sie haben mit kritischem Blick nachgelesen und uns dabei geholfen, unser Wissen optimal zu strukturieren. Natürlich sind wir für eventuelle Unklarheiten oder Fehler, die möglicherweise dennoch enthalten sind, selbst verantwortlich.

Amsterdam, 2004 Theo IJzermans und Roderik Bender

A Die Methode

1 RET im Überblick

Kognitive Therapie – kognitives Training

Wie ist es zu erklären, dass ein Mensch Angstgefühle hat? Weil er an Dinge denkt, die ihm Angst einflößen. Warum wird ein Mensch zornig? Weil er denkt, dass sich alle an seine Regeln halten müssen. Was führt dazu, dass Menschen trübsinnig werden? Der Umstand, dass sie trübsinnige, negative Dinge über sich selbst oder die ganze Welt denken. Ein Psychologe, der sich auf die kognitive Psychologie beruft, wird solche oder ähnliche Antworten geben. Die kognitive Psychologie beschäftigt sich unter anderem mit der Entstehung von Emotionen und Stress, sie untersucht, welchen Zusammenhang es zwischen den Gedanken und den Gefühlen eines Menschen gibt. Die Erkenntnisse dieser psychologischen Theorien werden immer häufiger in verschiedenen Therapie- und Trainingsformen angewandt. Eine der ältesten kognitiven Therapien, die auf diesen Prinzipien beruht, ist die Rational-Emotive Therapie, die in den 50er Jahren des vorherigen Jahrhunderts von dem amerikanischen Psychologen Dr. Albert Ellis entwickelt wurde. Die Grundgedanken dieser Therapie spielen eine zentrale Rolle in diesem Buch. Heutzutage spricht man auch oft von der Rational-Emotiven Verhaltenstherapie (REVT) und meint damit dasselbe. Ellis selbst hat diesen Begriff vor einigen Jahren eingeführt, um hervorzuheben, dass bei dieser Therapie auch die Verhaltensseite berücksichtigt wird. Wir ziehen es vor, weiterhin von RET zu sprechen, weil die Therapieform unter diesem Namen schon so lange bekannt ist.[1]

---

1 Das Kürzel RET wird auch als Abkürzung für Rational-Emotives Training verwendet und, um die Verwirrung noch größer zu machen, es steht weiter für Rationales Effektivitätstraining. Inhaltlich gibt es kaum Unterschiede. Die einzelnen Begriffe sagen vielmehr etwas über den Kontext aus, in dem die Theorie und die Methoden verwendet werden. Das Wort Training wird benutzt, um anzuzeigen, dass es dabei um eine andere Zielgruppe geht, und dass es sich nicht um eine aufwändige Therapie bei psychischen Auffälligkeiten handelt. Die Interventionen sind in diesem Fall hauptsächlich auf mehr oder weniger normale Probleme wie Stress und Ärger am Arbeitsplatz ausgerichtet. Mit dem Begriff Rationales Effektivitätstraining soll vor allem das effektivere Funktionieren am Arbeitsplatz hervorgehoben werden. So verwenden wir den Begriff auch in unserem Buch „Wieder Ärger im Büro?“ (IJzermans & Dirkx, 2012), weil es darin in erster Linie um Probleme und Schwierigkeiten am Arbeitsplatz geht.

Die einzelnen Modelle der kognitiven Therapie, die in den vergangenen Jahrzehnten von Wissenschaftlern und Autoren entwickelt wurden, unterscheiden sich im Wesentlichen durch eine unterschiedliche Gewichtung der verschiedenen Aspekte des Denkens.

So liegt bei manchen Modellen der Schwerpunkt auf den Erklärungen, die von den Menschen selbst für ihr Scheitern beziehungsweise ihren Erfolg gegeben werden. Eine depressive Denkweise wäre in diesem Modell zum Beispiel: „Wenn ich das schaffe, hat der Zufall nachgeholfen und wenn ich scheitere, liegt es an meiner Unfähigkeit." Bei anderen Modellen liegt der Schwerpunkt mehr auf den formalen Aspekten einer Argumentation. Ein Beispiel dafür wäre etwa die Neigung auf der Basis einer begrenzten Anzahl von Einzelerfahrungen eine negative Schlussfolgerung zu ziehen: „Jemand hat mich hintergangen … das beweist, dass die Welt schlecht ist." Bei wieder anderen Modellen liegt der Fokus beim lösungsorientierten Denken, da nachgewiesen werden konnte, dass es glücklicher macht als andere Arten zu denken. Unabhängig davon, um welches Therapiemodell es sich genau handelt, der gemeinsame Nenner ist, dass in jedem Fall Methoden vermittelt werden, die dabei helfen sollen, Probleme Schritt für Schritt zu lösen.

Bei der RET liegt der Nachdruck ganz besonders auf den Bewertungen, die wir anhand unserer Erlebnisse und der Dinge, die sich ereignen, vornehmen. Wie schätzen wir unsere eigenen Taten oder die Handlungen anderer ein? Wie betrachten und bewerten wir Rückschläge im Leben? Wie steht es um unser Selbstwertgefühl? Welche Vorstellungen haben wir darüber, wie die Welt sein sollte?

Das ABC-Modell der RET

Dieses Buch richtet sich an Leserinnen und Leser, die bereits Vorkenntnisse über die Rational-Emotive Therapie besitzen und eigene Erfahrungen damit gemacht haben. Die wichtigsten Grundprinzipien sollen dennoch hier in Kurzform aufgelistet werden.

Mithilfe des ABC-Modells können emotionale Geschehnisse abgebildet werden (vgl. Abbildung 1). Es gibt drei Elemente, die strikt voneinander getrennt werden:

- Das A (A steht für *activating event*) ist ein Ereignis, das die emotionale Reaktion auslöst. *Beispiel:* Mein Vorgesetzter kündigt meine Entlassung an.
- Das B (für *belief*) steht für die Überzeugungen und die Gedanken zu diesem Ereignis A, für die Bewertung von Ereignis A. *Beispiel:* Es ist schrecklich, dass ich entlassen werde. Ich halte das nicht aus. Es darf nicht geschehen. Ich bin ein Versager.
- Das C (für *consequences*) verweist auf die Konsequenzen, die Folgen. Die Folgen sind zum einen die emotionale Reaktion und zum anderen das Verhalten, das daraufhin erfolgt. *In diesem Beispiel:* Meine Angst und die Tatsache, dass es mir durch die Nachricht die Sprache verschlägt beziehungsweise die Wut und eventuelle Schimpftiraden gegen den Vorgesetzten.

A **Ereignis am Arbeitsplatz** (Wirkliches oder ausgedachtes Ereignis)	**B** **Überzeugungen und Gedanken** (Was sagen wir zu uns selbst?)	**C** **Gefühle und Verhalten** (Was fühle oder tue ich?)

Abbildung 1: ABC-Modell

Viele Menschen gehen davon aus, dass die Ereignisse *an sich* diese oder jene Emotionen auslösen. Im ABC-Modell würde das heißen: A verursacht C. Nach der RET-Theorie ist es aber so, dass die emotionalen Reaktionen und das damit verbundene Verhalten hauptsächlich von den eigenen Überzeugungen und der persönlichen Denkweise (das B) in Bezug auf das Ereignis abhängen. Also: Es ist in erster Linie das B, das zum C führt. Nicht die Ereignisse an sich lösen die Emotionen aus, sondern die Art und Weise wie wir über die Ereignisse denken bzw. wie wir sie bewerten. Wenn wir bei dem vorherigen Beispiel – der möglichen Entlassung – bleiben, bedeutet das: Es sind mehrere unterschiedliche Reaktionen und Gedanken zu diesem Ereignis möglich. Vielleicht macht sich ja jemand sogar positive Gedanken in Bezug auf die bevorstehende Kündigung: „Ich bin froh, wenn ich diesen Job los bin. Da der Arbeitgeber mir kündigt, werde ich zunächst Arbeitslosengeld bekommen und kann mich in Ruhe nach etwas anderem umsehen. Gar nicht so schlecht!" Würde man so denken, hätte man ein Gefühl der Freude. Eine solche Reaktion ist keineswegs rein theoretisch oder nur von uns als Möglichkeit in den Raum gestellt. Einer der Autoren dieses Buches (T. J.) hat das selbst einmal erlebt, und er war nicht der einzige, der so reagiert hat. Aber, in den meisten Fällen reagiert man auf eine Kündigung so: „Welch ein Tiefpunkt. Ich fühle mich in meinem Selbstwert verletzt." Wenn man so denkt, fühlt man sich wahrscheinlich ziemlich niedergeschlagen. Möglicherweise steht für wieder einen anderen Menschen das Unrecht, das ihm widerfährt, im Zentrum seiner Gedanken: „Der Vorgesetzte hat mich ungerecht beurteilt, er lässt mich ins offene Messer laufen. Das kann er doch nicht machen, dieser miese Kerl." Wer so denkt, fühlt sich wahrscheinlich äußerst verärgert und wütend. Vielleicht ist sein Verhalten nun auch von diesem Ärger geprägt und er beschimpft den Vorgesetzten oder droht ihm. Sie sehen, dass in allen Beispielen schwerwiegende Bewertungen eine Rolle spielen, auf die starke Emotionen folgen.

Schädliche und nützliche Emotionen

Bei der Rational-Emotiven Therapie (RET) geht es vor allem darum, die nicht adäquaten und schädlichen emotionalen Reaktionen besser in den Griff zu bekommen. Emotionale Reaktionen können sehr nützlich sein und sie liefern die Energie für mögliche Handlungen. Es kann aber auch sein, dass wir durch unsere emotionalen Reaktionen schlechter funktionieren und dass wir deshalb unnötig viel Energie vergeuden. Beispiel: In der Arbeit leiden Sie unter zu viel Stress, der durch starke emotionale Reaktionen ausgelöst wird. Das geschieht, wenn Sie sich zu oft ärgern oder sich darüber aufregen, dass andere nicht oder kaum Ihren Wertvorstellungen oder Normen entsprechend arbeiten. Ein großer Teil dieses Stresses ist eine gesundheitliche Bedrohung, da Sie sich zu sehr verausgaben. Hinzu kommt, dass der Stress Ihr gutes Funktionieren einschränkt. Wer zu viel Angst davor hat, einen Fehler zu machen, wird meistens unnötig viel Zeit für seine Arbeit aufwenden oder sich aus Angst vor dem Scheitern nicht an neue Wege oder Maßnahmen heranwagen.

In der RET wird zwischen adäquaten und nicht adäquaten emotionalen Reaktionen unterschieden. Manche Emotionen helfen uns weiter: Wenn man beispielsweise über irgendetwas irritiert ist, kann das den nötigen Anstoß und die nötige Energie liefern, für die eigenen Interessen einzutreten. Wenn man sich vor einer Reise Sorgen macht oder sogar etwas ängstlich ist, bewirkt das möglicherweise, dass man sich besonders gut vorbereitet und entsprechende Vorsorgemaßnahmen trifft. Auf weitere nützliche und positive Seiten unserer Emotionen kommen wir in Kapitel 2 ausführlicher zu sprechen.

Rationales und irrationales Denken

In dem Buch „Wieder Ärger im Büro?" (IJzermans & Dirkx, 2012) unterscheiden wir fünf häufig vorkommende irrationale Gedanken, die Arbeitnehmerinnen und Arbeitnehmern oft Probleme bereiten. An dieser Stelle noch einmal eine kurze Übersicht:

1. Fanatischer Perfektionismus,
2. Katastrophendenken,
3. Niedrige Frustrationstoleranz,
4. Der Lovejunkie: süchtig nach Anerkennung und Liebe,
5. Forderungen an andere und an die Welt an sich.

Fanatischer Perfektionismus

Bei stark ausgeprägtem Perfektionismus ist der zentrale Gedanke, dass man keine Fehler machen darf (Bitte beachten Sie, es geht um *nicht dürfen*). Diese Forderung nach absoluter Unfehlbarkeit wird dann noch mit einer Selbstbeurteilung verknüpft: Jeder Fehler ist ein Zeichen von Schwäche. Dadurch sehen Menschen, die auf übertriebene Art perfektionistisch sind, immer eine Gefahr, wenn etwas schief geht oder schief zu gehen droht. Fehler machen ist für sie gleichbedeutend mit Scheitern oder noch schlimmer, mit absoluter Blamage. Perfektionisten schaffen so ihr eigenes „Damoklesschwert“, das ihnen permanent wie eine Drohung über dem Kopf schwebt.

Katastrophendenken

Katastrophen- und Unheildenker sehen immer wieder schreckliche Gefahren auf sich zukommen. Oft entstammen diese Gefahrenszenarien ausschließlich dem eigenen Denken, indem beispielsweise die Folgen eines Ereignisses maßlos übertrieben werden. Es geht dabei um Gedanken wie diese:

- „Das schaffe ich nie und nimmer, wie schrecklich.“ (Angesichts eines stetig wachsenden Stapels von Arbeit auf dem Schreibtisch).
- „Das ganze Projekt wird schief gehen.“ (Wenn ein Fehler unterlaufen ist).
- „Wir schaffen unseren Umsatz nicht, oh, je, was für eine Katastrophe!“ (Wenn auf eine Anzeige keine Reaktionen kommen).
- „Jetzt kann ich meine Karriere vergessen.“ (Wenn ein Vorgesetzter Kritik äußert).

Es ist irrational, davon auszugehen, dass Umstände, die man negativ interpretieren kann, zwangsläufig zu katastrophalen Ereignissen in der Zukunft führen werden. „Siehst du, alles geht daneben.“ Auch das ist ein Beispiel für eine Übertreibung, die auf der Basis einiger tatsächlicher Gegebenheiten gemacht wird. Es sind die Mücken, die sich in der Fantasie zu Elefanten auswachsen. Katastrophendenken führt nicht nur zu unnötiger Anspannung, es sorgt auch für reichlich unproduktives Verhalten, wie: Entscheidungsunfähigkeit und Vermeidung möglicher Risiken.

Niedrige Frustrationstoleranz

Menschen mit einer niedrigen Frustrationstoleranz fürchten sich vor vielen Dingen, weil sie denken, diese seien zu komplex und zu schwierig für sie. Oft reagieren sie äußerst emotional, wenn etwas nicht nach ihren Wünschen läuft. Beispiele für ihre Gedanken:

- „Ich halte Kritik nicht aus."
- „Wenn das passiert, überlebe ich es nicht."
- „Das ist mir viel zu schwierig."
- „Das ertrage ich wirklich nicht."
- „Gerade jetzt, wo so viel zu tun ist, funktioniert mein Computer nicht. Einfach unerträglich."

Die dahinter liegende Überzeugung ist die, dass das Leben viel einfacher sein müsste als es in Wirklichkeit ist. Bei einer solchen Denkweise nehmen Ärgernisse und eventuelle Rückschläge in der Fantasie die Größe unüberwindlicher Hindernisse an. Das Irrationale liegt auch hier in der Übertreibung. Schwierigkeiten sind nicht angenehm, aber in der Regel erträglich. Sie können sogar eine Herausforderung sein. Wenn man sich den Dingen, die einem schwierig erscheinen, stellt, kann sich zeigen, dass man damit doch ganz gut zurechtkommt. Und es wird sich zeigen: Siehe da, das Leben geht weiter. Die Forderung, dass das Leben einfacher sein müsste, ist ähnlich unsinnig wie die Forderung, die Sonne müsste jeden Tag scheinen. Gedankengänge im Zusammenhang mit niedriger Frustrationstoleranz führen zu unnötigen Spannungen, zu Unzufriedenheit, halbherzigem Einsatz mit großem Gestöhne und zur vorzeitigen Aufgabe: „Siehst du, ist doch viel zu schwierig."

Der Lovejunkie: Süchtig nach Anerkennung und Liebe

Ein Lieblingsgedanke des Lovejunkies ist die Überzeugung, er müsse unbedingt von allen anderen Menschen geliebt und respektiert werden. Beispiele für diese Art von irrationalen Gedanken:

- „Es ist schrecklich, wenn andere Menschen mich zurückweisen."
- „Ohne festen Partner bin ich ein Nichts."
- „Es ist unerträglich, dass meine Kollegin mich keines Blickes mehr würdigt, seit ich ihr eine Standpauke gehalten habe."
- „Ich sage jetzt gar nichts mehr, sonst gibt es wieder Streit zwischen uns und dann ist eine weitere Zusammenarbeit nicht mehr möglich.
- „Wenn ich einen Auftrag ablehne, wird mein Vorgesetzter verärgert sein und dann bin ich erledigt."

Die Übertreibung liegt in der Annahme, dass es absolut notwendig sei, von anderen Menschen immer akzeptiert zu werden. Natürlich ist es angenehm, wenn man von den Menschen in seiner Umgebung angenommen und geachtet wird. Aber Liebe und soziale Anerkennung sind für den Menschen keine primären Bedürfnisse, wie zum Beispiel Wasser und Nahrung. Auch hier wird ein rationaler Wunsch zu einer irrationalen Forderung umfunktioniert. Die irrationalen Gedanken eines Lovejunkie führen, sobald Sympathieverlust droht, zu Angst. „Wenn ich mir vorstelle, dass Person XY mich nicht mehr mag, wäre das furchtbar für mich." Es dürfte klar sein, dass diese Einstellung und die Angst, die sie hervorruft, zu einer Konfliktvermeidung führt und bewirkt, dass man mit seiner persönlichen Meinung hinter dem Berg hält. Auch das Einbringen neuer Ideen birgt immer das Risiko einer Zurückweisung in sich. Das „Lovejunkie-Denken" führt oftmals zum Herumlavieren und Sich-bedeckt-Halten. So erzielt der Lovejunkie nie die absolute Wertschätzung und Zuneigung der Menschen in seiner Umgebung.

Forderungen an andere und an die Welt an sich

Eine weitere, häufig vorkommende Forderung ist die, dass andere Menschen sich anders verhalten müssten als sie es tun, und dass die Welt anders sein müsste als sie es ist. Demnach müssten andere sich so verhalten wie es unseren Auffassungen entspricht und die Welt müsste anders, besser, gerechter sein.

- „Ich habe hart gearbeitet, er hat nicht das Recht, mich so zu behandeln."
- „Es geht so vieles schief in dieser Organisation, das darf es doch nicht geben."
- „Kollegen müssen immer fair miteinander umgehen."
- „Die Leute müssen sich an die Absprachen halten."
- „Mein Kollege geht früher nach Hause. Das bedeutet, dass ich mehr arbeiten muss, das darf doch nicht sein."
- „Ich habe Urlaub und jetzt regnet es, das habe ich nicht verdient."
- „So etwas wie Kriege darf es doch nicht geben."

Diese fordernden Überzeugungen beziehen sich meistens auf die Gerechtigkeit und auf Normen und Werte, die von anderen Menschen, Organisationen und sogar der Natur eingehalten werden sollten. Sie können Wut, Groll und unnötige Irritationen auslösen. Das Irrationale liegt darin, dass jemand die Realität, so wie sie sich zeigt, nicht akzeptieren will und fordert, sie müsse anders werden. „Es muss anders werden, weil ich das so finde." Auch hier wird wieder aus einem Wunsch eine Forderung gemacht. Akzeptanz ist natürlich nicht gleichbedeutend mit Zustimmung. Eine rationale Einstellung wäre: Akzeptieren, was man nicht ändern kann und versuchen, das, was man ändern kann, zu ändern.

Diese Beispiele von irrationalen Gedankengängen kommen sehr häufig vor, sowohl in privaten als auch in beruflichen Situationen. Problematisch ist, dass sie zu starken Emotionen und Blockaden und oft auch zu dysfunktionalem und ineffektivem Verhalten führen.

RET ist keine Persönlichkeitstheorie

Durch die Aufteilung der irrationalen Vorstellungen (vgl. S. 17) in fünf Bereiche können die sehr häufig vorkommenden Muster leichter erkannt werden. Das birgt allerdings auch das Risiko einer zu großen Vereinfachung und einer allzu schlichten Typisierung von Menschen in sich. Beispiele: „Er ist ein ausgemachter Lovejunkie, sie ist doch die absolute Perfektionistin und deshalb verhalten sie sich so." In vielen Managementbüchern über die psychologischen Aspekte von Arbeitssituationen finden sich solche Einteilungen in Persönlichkeitstypen. Diese Einteilungen verleiten manche Menschen dazu, ihre Mitmenschen in vereinfachte Schubladen zu stecken. Eine bestimmte Art und Weise zu denken lässt aber nicht unbedingt Rückschlüsse auf allgemeine Charakterzüge zu. Eine Denkweise kann sich, je nach Situation, auch immer wieder anders darstellen. Das heißt, jemand kann in Bezug auf etwas Bestimmtes perfektionistisch denken, in einem anderen Kontext aber wiederum nicht. So ist es sehr gut möglich, dass eine Person in der Kindererziehung perfektionistisch ist, in der Funktion als Führungskraft aber nicht. Auch lässt sich nicht feststellen, dass bestimmte emotionale Probleme oder Beschwerden immer die Folge einer bestimmten Denkweise wären. Oft verlaufen die unterschiedlichen Denkweisen kreuz und quer. Wenn ein Mensch bei gewissen Anforderungen unter Versagensängsten leidet, kann ein typisch perfektionistischer Gedankengang dahinter stecken. So ein Gedankengang könnte sein: „Wenn es schief geht, bin ich nur noch ein Nichts." Aber, vielleicht spielen auch Katastrophenfantasien eine Rolle, wie beispielsweise: „Das kostet mich den Job und dann ist es aus mit meiner Karriere" (Katastrophendenken). Oder aber der Schwerpunkt liegt bei Gedanken wie diesem: „Eine solche Blamage wäre für mich unerträglich." (niedrige Frustrationstoleranz). Ein einziges Ereignis kann also unterschiedliche irrationale Gedanken aktivieren – unterschiedlich von Person zu Person und von Situation zu Situation.

Wir sollten also nicht vorschnell meinen, dass wir die Persönlichkeit eines Menschen kennen und wir sollten mit unseren Einschätzungen über die Art und Weise, wie ein Mensch in schwierigen Situationen denkt, äußerst zurückhaltend sein.

Das Training

Wenn jemand ein RET-Training besucht oder mithilfe eines Buches wie diesem hier selbst üben möchte, muss er zuerst lernen, das A, das B und das C voneinander zu unterscheiden. Das ist ein ziemlich komplizierter Schritt. Man muss lernen, auf Fragen, wie diese zu antworten: Was genau passiert mir hier (das A)? Wo genau liegt mein Anteil? Inwieweit ist es meine Art zu denken (das B), die verursacht, dass ich mich so fühle, und dass ich mich so verhalte (das C)? Es ist meist sehr schwer, zu erkennen, inwieweit man selbst dazu beiträgt, wie man sich fühlt und welches Verhalten man an den Tag legt. In unserem Alltagsleben ist es ganz normal, dass wir über Emotionen so sprechen, als würden sie uns von außen auferlegt werden: „Meine Arbeit (also das A) besorgt mir viel Stress (das C). Mein Chef (A) macht, dass ich mich unsicher fühle (C). Eine solche Bemerkung (A) ärgert mich (C)." Im direkten Erleben kommt es einem auch so vor, als würden diese Geschehnisse unmittelbar die Emotionen auslösen.

Will man RET richtig anwenden, muss man zuerst die Vorstellung loslassen, dass ein Ereignis direkt eine Emotion hervorruft, die sogenannte A-C-Argumentation. Unsere Emotion wird aber vor allem von unserem Denken – egal ob bewusst oder unbewusst – über das entsprechende Ereignis, bestimmt, die sogenannte B-C-Argumentation.

Wir müssen das A-C-Denken zugunsten des B-C-Denkens aufgeben. Das ist einer der schwierigsten Schritte, aber er ist in der erste Phase des Prozesses unumgänglich. Erst wenn man erkennt und akzeptiert, dass das eigene Denken, die eigenen Überzeugungen und das eigene Erleben die wichtigsten Auslöser für Gefühle sind, kann man mit der Veränderung der Emotionen und dem Abbau des Stresses beginnen. Das heißt, man übernimmt die Verantwortung dafür, wie man sich fühlt und nimmt so die Zügel selbst in die Hand. Diese Verantwortung ist in der RET ein entscheidendes Kriterium: *das Prinzip der emotionalen Selbstverantwortung.*

Es gibt zahlreiche Gründe dafür, weshalb das Umschalten vom A-C-Denken zum B-C-Denken Schwierigkeiten bereitet. Es setzt unter anderem voraus, dass man anderen nicht länger die Schuld dafür gibt, dass es einem schlecht geht. Nichts ist einfacher, als zu denken: Meine Arbeit, mein Chef, mein Partner macht mich ganz verrückt; sind sie also die Schuldigen? Andere verursachen unseren Stress und wir sind der Situation machtlos ausgeliefert. Wir müssen bereit sein, diese „komfortable Position" aufzugeben. Dafür gewinnen wir die Erkenntnis, dass wir entschieden mehr Einfluss auf unsere eigenen Gedanken haben als auf das Verhalten anderer Menschen.

Erst wenn diese Hürde – der Wechsel vom A-C-Denken zum B-C-Denken – geschafft ist, kann man die nächsten Schritte nehmen: Was ist das für ein Gedanke, den ich da denke? Was ist daran richtig und stimmig und was nicht? Ist es ein irrationaler Gedanke oder nicht? Wenn jemand denkt: „Mein Kollege kommt immer zu spät, er tritt meine Wertvorstellungen mit Füßen", dann handelt es sich dabei – in der RET-Terminologie – um einen rationalen (auch: funktionalen) Gedanken. Man empfindet die Sache als unangenehm, man ist eventuell irritiert, aber es geht insgesamt um ein handhabbares Gefühl, das zu der unschönen Situation passt. Sobald der Gedankengang über das Verhalten dieses Kollegen mit einer *Forderung* (Er darf das nicht!) oder mit einer *Übergeneralisierung* (Er ist ein Taugenichts, dem das Handwerk gelegt werden muss!) verknüpft wird, entstehen daraus mächtige Gefühle, die leidvoll sein können und die darüber hinaus das eigene Funktionieren beeinträchtigen können. Im schlimmsten Fall wird man das Problem sogar noch vergrößern, weil man beispielsweise einen aggressiven Gegenangriff startet und damit das Verhältnis noch stärker belastet. Oft ist man sich dieser Übertreibungen im Denken, der Verurteilungen von Personen oder der in den Raum gestellten Forderungen kaum bewusst.

Das Hinterfragen der eigenen übertriebenen und irrationalen Denkweise und die Suche nach funktionaleren Gedanken wird auch *Disputation* genannt. Möglicherweise wird die Hilfe eines Außenstehenden, beispielsweise im Rahmen eines Coachings oder einer Therapie, benötigt, um das Irrationale in der eigenen Denkweise sehen zu lernen. Für einen selbst ist der irrationale Gedankengang so selbstverständlich geworden, dass man ihn gar nicht mehr eigens benennt: „Es ist einfach so, der Kerl ist ein Taugenichts.“ Man erkennt also nicht mehr, dass man selbst diesen Gedanken schafft, sondern setzt ihn mit der Wirklichkeit gleich.

Sich selbst verändern, geht das überhaupt?

Der Kern der Anwendung von RET ist die Disputation, also das Hinterfragen und Zur-Diskussion-Stellen der irrationalen Gedanken, die zu den übertriebenen Gefühlen beziehungsweise dem Stress führen. Ergebnis der Disputation sind Gedanken, die effektiver, realistischer und hilfreicher sind. Diese werden im Weiteren dazu beitragen, dass man besser mit der entsprechenden Problemsituation zurechtkommt. RET ist als Reaktion auf die Psychoanalyse entstanden. Albert Ellis (1913) entfaltete in den 1950er Jahren seine Theorie, weil er mit den Ergebnissen, die er als Psychoanalytiker erreicht hatte, unzufrieden war. Er sah die Möglichkeit, den Klienten in deutlich kürzerer Zeit als es für eine Psychoanalyse erforderlich war, heilsame Selbsterkenntnisse nahe zu bringen. Die Psychoanalyse ist eine komplizierte Theorie und aufwändige Methodik, bei der tief auf die Lebensgeschichte des Klienten eingegangen wird und bei der der Therapeut kaum direktiv vorgeht. Die Therapie besteht aus einem langwierigen Entdeckungsprozess. Im Gegensatz dazu wird bei der RET-Methode erfolgreich mit dem einfachen ABC-Modell gearbeitet, welches auf die aktuelle Situation des Klienten eingeht. Der Klient kann sich die Methodik einfach auch selbst aneignen. Schon seit Einführung der RET ist es unter RET-Therapeuten üblich, die Methode aktiv und didaktisch zu übertragen, damit Klienten lernen, sie bei sich selbst anzuwenden. Die Dauer der Therapie und der therapeutischen Beziehung kann dadurch deutlich verkürzt werden. Der Klient wird selbstständiger, er bleibt nicht so lange in der Abhängigkeit seines Therapeuten, weil er selbst die Kompetenz erlangt, etwas gegen seine unproduktiven Emotionen und seinen Stress zu tun. Jacobs (1998) spricht von einem edukativen Modell, „bei dem der Klient lernt, mithilfe des ABC-Modells sein eigener Therapeut zu werden."

Viele Menschen hegen Zweifel, ob es überhaupt möglich ist, eigene Überzeugungen zu verändern. Sie denken, dass diese ein unverrückbarer Teil ihrer Natur sind, und dass man daran nichts mehr ändern kann. Sie vergessen dabei, dass sie schon viele Male in ihrem Leben ihre Meinung zu einer bestimmten Sache geändert haben. Dass man im Laufe der Zeit zu neuen Einsichten gelangt, die sogar das Gegenteil der früheren sein können, gehört zum Leben. Es gibt nur wenige Menschen, die noch nie ihre politische Position geändert haben oder die Einschätzung eines Menschen auf den zweiten Blick hin revidiert haben oder eine einmal gefällte Entscheidung später anders bewertet haben.

So, wie man sich irrationale Überzeugungen aneignen kann, kann man sich natürlich auch rationale aneignen. Die Schwierigkeit ist, dass man hart daran arbeiten muss, um seine Überzeugungen bewusst und aktiv zu verändern. Wenn man sich sein ganzes Leben lang angestrengt hat, ein ausgeprägter (und irrationaler) Perfektionist zu werden, reicht es für eine Änderung nicht aus, einige Gespräche zu führen, Übungen zu machen und einschlägige Bücher zu lesen. Auch die bloße Einsicht in die Funktionsweise von RET genügt nicht. Es braucht viel Übung, damit man die neue Denkweise in der alltäglichen Konfrontation mit schwierigen Situationen leichter anwenden kann. Wie Sie das üben können, wird noch an anderen Stellen in diesem Buch erklärt.

Im RET-Training unterscheiden wir die folgenden Einzelschritte: Erkennen des eigenen Anteils an der Entwicklung von Gefühlen, Entdecken und Benennen der unproduktiven oder irrationalen Gedanken, Zur-Diskussion-Stellen dieser Gedanken und Entwicklung einer besseren, funktionaleren und rationaleren Denkweise. Der letzte Schritt beinhaltet Praxisübungen in der Anwendung des neuen Denkens. Ziel ist es, sich die neuen Denkgewohnheiten immer mehr anzueignen, so dass weniger Stress und weniger unproduktive Emotionen produziert werden. Wie lässt sich unterscheiden, wann Stress und Emotionen weiterhelfen und wann nicht? In Kapitel 2 erfahren Sie mehr darüber.

2 Emotionen haben eine Funktion

Warum haben wir Emotionen?

In der Arbeitswelt gilt es immer noch als hohes Gut, wenn man seine Emotionen beherrschen kann. Wer einen vollgepackten, hektischen Tag erlebt, dem wird empfohlen (von anderen oder von sich selbst), sich „nicht verrückt machen zu lassen." In einer akuten Krisensituation wünscht man sich, „einen kühlen Kopf zu bewahren" und bei Konflikten mit Kollegen lautet der Rat, doch vor allem „ruhig zu bleiben." Auch bei großen Erfolgen oder Siegen, beispielsweise wenn ein großer Auftrag an Land gezogen wurde, wird nicht immer so gefeiert, wie man das vielleicht erwarten würde. Man sollte doch bitte sehr „auf dem Teppich bleiben" und dafür sorgen, dass einem der Erfolg „nicht zu Kopf steigt." Im Deutschen gibt es viele Redensweisen und Ausdrücke, die nahelegen, es mit den Emotionen vor allem ruhig angehen zu lassen:

> *Reg' dich ab. Immer mit der Ruhe. Mach dich doch nicht verrückt. Immer schön auf dem Teppich bleiben. Den Ball flach halten. Komm runter. Steigere dich da nicht so hinein. Ruhig Blut. Keine Panik auf der Titanic. Mach dich locker. Lass dich nicht auf die Palme bringen.*

Der explizite Ausdruck von Emotionen wird offenbar nicht sehr geschätzt. Wir stehen in dieser Beziehung mit unserer Kultur nicht alleine da, es gibt aber auch Kulturen, in denen das anders ist. In manchen südeuropäischen Ländern wie Portugal oder Spanien wird es deutlich besser akzeptiert, wenn Emotionen wie Wut oder Unruhe gezeigt werden. Daneben gibt es noch Unterschiede in den einzelnen Kulturen inwieweit das Zeigen von Emotionen gesellschaftlich erlaubt ist. So wurde beispielsweise festgestellt, dass es einen Unterschied gibt, in welchem Maß das Äußern von Wut akzeptiert wird. In den USA ist das Äußern von Wut besser akzeptiert als in einigen nordeuropäischen Ländern wie den Niederlanden oder Schweden.

Hier könnte man einwenden, dass das von außen auferlegte Tabu, sich in erster Linie gegen das *Zeigen* der Gefühle richtet. Das *Empfinden* starker Emotionen wird dagegen von den betreffenden Menschen selbst als unerwünscht erklärt, wie viele Fragen an Psychotherapeuten belegen. Dabei wird allerdings vergessen, dass Emotionen eine deutliche *Funktion* haben können. Emotionen kommt eine bedeutende Rolle zu, wenn es um die Fähigkeit eines Individuums geht, sich an seine Umgebung anzupassen. Emotionen helfen uns, zu überleben. Das gilt auch für die sogenannten negativen Emotionen wie Ärger, Wut und Angst. Angst verleiht die Energie für eine Flucht, Wut unterstützt uns, wenn wir uns gegen Leid und Böses verteidigen müssen, Kummer hilft uns bei der Verarbeitung von Verlusterfahrungen. Wer unvorbereitet vor einem großen, bedeutsamen Publikum einen Vortrag halten will, profitiert sogar davon, wenn er Besorgnis oder sogar ein bisschen Angst verspürt. Diese Emotionen spornen zu konzentrierter Aktivität an. Im Beispiel des Vortrags würde das heißen, der Protagonist wird durch seine Emotionen zu einer angemessenen Vorbereitung animiert, um so die gefürchtete Blamage abzuwenden. Wer immer wieder von Kollegen Knüppel zwischen die Beine geworfen bekommt, tut gut daran, in ausreichendem Maß das Gefühl der Irritation zu entwickeln, um handeln zu können und beispielsweise das Gespräch mit den Kollegen zu eröffnen. Dies gilt besonders dann, wenn erfolgreiche Arbeit von der guten Zusammenarbeit abhängt und wenn der betreffenden Person am guten Kontakt zu den Kollegen gelegen ist.

Wir sind manchmal nicht gerade erfreut, wenn wir von unseren Emotionen übermannt werden, aber das schmälert ihre Bedeutung nicht. Oft geben sie uns in Situationen, die sofortiges Handeln erfordern, die nötige Energie. Emotionen können auch einen sozialen Nutzen haben. Ein Beispiel dafür finden Sie in dem folgenden Interview mit dem niederländischen Psychologen Nico Frijda über die Funktion von Emotionen wie Wut und Rachsucht.

> *N. Frijda*[2]*:* „Rachsucht ist eine der dominantesten Leidenschaften überhaupt. Es ist kein Zufall, dass Rache eines der Hauptthemen in der Weltliteratur ist. Rache kann sich als unbeherrschbarer Sturm erweisen, mit dem manche Menschen ihr ganzes Leben lang zu kämpfen haben. Es ist dieser Exzess, der an der Rachgier so bemerkenswert ist. Ich definiere Rache als das Anrichten von Schaden oder Schmerz bei anderen aufgrund

2 Auszug aus einem Interview von Marja Vuijsje mit dem emeritierten Hochschullehrer für Psychologie und international anerkannten Experten auf dem Gebiet der Emotionen, Nico Frijda; Quelle: Universität Groningen, Niederlande

des Schadens oder der Schmerzen, die man selbst erlitten hat. Aber das Ausmaß der Rache, das man dem anderen entgegen schleudern möchte, steht nie auf einer Stufe mit dem Unheil, das dieser andere uns angetan hat. Das alttestamentarische Gesetz der Vergeltung ‚Auge um Auge, Zahn um Zahn' wurde oft als barbarische Regel gesehen, die die Rache legitimieren würde. Nichts ist weniger wahr. Dieses Gesetz diente dazu, die Rache in Grenzen zu halten."

M. Vuijsje: „Hat Rachsucht einen Sinn?"

N. Frijda: „In gewisser Weise schon. Wenn der andere weiß, dass ich mich rächen werde, wird er es sich zweimal überlegen, mir Schaden zuzufügen. Rächt man sich, hat man dadurch eine gewisse Kompensation. Wenn man jemandem eine Ohrfeige verpasst, weil dieser einem Schaden zugefügt hat, dann wird etwas im gestörten Machtverhältnis wieder repariert. Macht man das nicht, entsteht das Gefühl, dass man die Machtungleichheit auf sich beruhen lässt. Unterschätzen Sie nicht, dass die Rachsucht vor allem dann geweckt wird, wenn man sich in seinem Innersten in seiner Wertigkeit als Mensch angegriffen fühlt. Eine Vergewaltigung ist dafür das deutlichste Beispiel. Der materielle und physische Schaden, den eine Frau bei einer Vergewaltigung erleidet, ist meistens nicht so hoch. Aber der Verlust des Gefühls der Autonomie und der persönlichen Wertigkeit verfolgt Vergewaltigungsopfer oft lange Zeit. Das Gefühl, ein ohnmächtiger Spielball der Lust eines anderen Menschen gewesen zu sein, fügt der Persönlichkeit auf lange Sicht erheblichen Schaden zu. Damit sind wir bei einem Dilemma für unsere Rechtsprechung. Die ist darauf ausgerichtet, Gefühle der Rache zugunsten eines objektiven Maßstabs möglichst zu verdrängen. Darum bleiben viele Vergewaltigungsopfer oder auch die Angehörigen von Mordopfern so oft mit einem unbefriedigten Rechtsempfinden allein.

Auch in nicht bedrohlichen Situationen ist es hilfreich, wenn wir Emotionen wahrnehmen und zeigen, da wir so Kontakt zu unserem sozialen Umfeld herstellen. Wir übermitteln Signale, zeigen an, was wir von diesen oder jenen Dingen halten. Wer selten oder nie Emotionen zeigt, hat auch wenig Kontakt mit anderen und läuft Gefahr, sich von seiner Umgebung zu entfremden. Eine weitere positive Seite von Emotionen ist rein intrinsisch. Abgesehen von Effizienzabwägungen finden wir es nämlich angenehm, unsere Emotionen zeigen zu können. Dadurch können wir uns als vollständige, ganze Wesen erleben und es erleichtert die Verarbeitung von Erlebnissen. Wer etwas Scheußliches erlebt hat, möchte darüber reden können, ohne sich überlegen zu müssen, ob das gut funktionieren wird oder nicht. Wir können damit das Erlebnis leichter in der Zukunft einordnen.

Das bewusste Erleben von Kunst ist ein gutes Beispiel dafür, wie Emotionen wie Ergriffenheit oder Trauer manchmal Besitz von uns ergreifen können. Diese Art von Emotionen erleben wir sicherlich nicht als unangenehm. Emotionen motivieren uns, uns für die Dinge, an die wir glauben, einzusetzen. Manchmal animieren sie uns sogar zu großen Taten. Dass es nicht immer effektiv ist, Emotionen wegschieben zu wollen, zeigt das Beispiel von Georg W.

Georg W.

Georg W. ist Verwaltungsangestellter. Es fällt ihm äußerst schwer, selbstbewusst für seine eigenen Interessen einzutreten. Sein Vorgesetzter, Herr H., trägt ihm ein ums andere Mal zusätzliche Arbeiten auf, die die Grenzen des Machbaren überschreiten. Obwohl der Arbeitsdruck eindeutig zu hoch wird und Georg W. sowieso schon regelmäßig Arbeit mit nach Hause nimmt, unternimmt er nicht viel, um seine Situation zu ändern. Er redet sich ein, dass es besser sei, nicht herum zu meckern und die Arbeit einfach zu machen. Außerdem ist er der Meinung, dass er den Wünschen des Vorgesetzten nachkommen muss, denn dieser wird schließlich wissen, was richtig ist.

Nun kommt Druck von außen dazu: Seine Freundin beklagt sich über die viele Arbeit, die ihn abends und an den Wochenenden beschäftigt. Er schläft schlecht, die Qualität seiner Arbeit leidet und Herr H. scheint außerdem immer weniger Wertschätzung für seine Leistungen und seinen Einsatz übrig zu haben. An einem Abend wird Georg W. auf einmal zornig, als er als Letzter seine Abteilung verlässt, in der Hand eine Tasche voller Aufträge, die morgen fertig sein müssen. Dieser Zorn erschreckt ihn fast ein wenig. Doch dann liest Georg W. im Zug nach Hause eine Zeitschrift, in der steht, dass Zorn meistens zu nichts führt und dass es besser sei, die Dinge etwas zu relativieren. Dieser Rat passt gut in sein System und er beruhigt sein Gemüt mit Sätzen wie: Der Chef meint es doch gut, eine Siebzig-Stunden-Woche ist doch gar nicht so schlimm, meine Freundin wird sich daran gewöhnen, vielleicht wird es später ja wieder besser.

Welche Emotion würde Georg W. in dieser Situation besser helfen?

RET und Emotionen

Fälschlicherweise wird oft angenommen, bei RET gehe es darum, Emotionen zu unterdrücken. Dieses Missverständnis beruht möglicherweise auf dem Wort „rational“. Der RET-Begründer Albert Ellis hat es selbst zur Bezeichnung seiner Methodik hinzugefügt. „Rational“ wird heutzutage gelegentlich mit kühl und distanziert assoziiert. Der Begriff gilt auch als Gegensatz zu „gefühlsmäßig“ oder „gefühlvoll“, doch im Kernverständnis von RET geht es nicht um diesen Gegensatz. Denken ist nicht das Gegenteil von Fühlen, das eine bedingt vielmehr das andere. *Rationales Denken* ruft vielleicht die Assoziation von etwas Distanziertem, Kühlem hervor, aber im Rahmen der RET drückt es nur aus, dass jemand aufgrund seines Denkens Gefühle hat, die realistisch sind und zur Situation passen. Irrationales Denken dagegen beinhaltet Fantasien und Argumentationen, die die Dinge schlimmer machen als sie sind und damit nicht nur zu ungesunden Emotionen führen, sondern auch inadäquates Verhalten erzeugen. In diesem Kontext kann man das Wort rational ersetzen durch produktiv, effektiv oder hilfreich.

RET ist demnach nicht als Plädoyer dafür zu verstehen, die Dinge ohne weiteres zu *relativieren*. Das Beispiel von Georg W. zeigt, dass Relativieren oftmals weniger klug ist als realistisch zu denken. Er benutzt das Relativieren als Vorwand, um seinem Chef nicht selbstbewusst gegenüber treten zu müssen. Georg W. kommt so vielleicht mit dem Verhalten seines Chefs irgendwie klar, aber ist das für ihn wünschenswert? Kann er dieses Verhalten langfristig durchhalten? Wäre es nicht sinnvoller, den Erwartungen seines Chefs Grenzen zu setzen? Vielleicht geht er in Wirklichkeit so einer anderen unangenehmen Emotion aus dem Weg, nämlich seiner Angst vor einem Konflikt. Durch seine nachgiebige Art muss er diese Angst nicht spüren.

Ob eine Emotion hilfreich ist oder nicht, kann man letztlich nur für sich selbst entscheiden. Es stellt sich immer die Frage, ob die empfundene Emotion gut genug zu dem jeweiligen Ereignis passt. Stehen die Intensität der Emotion oder der Stresspegel in einem angemessenen Verhältnis zum Ernst des Geschehens? Weiter stellt sich die Frage, ob die Emotion ausreichend Energie freigesetzt hat, so dass man in der Lage war, adäquat an seinen Problemen und der Erreichung seiner Ziele zu arbeiten. Es ist sehr wichtig, bei dieser Einschätzung genau zu unterscheiden zwischen *Situationen*, die man nicht wieder erleben möchte und Situationen, in denen man *Emotionen* hatte, die nicht sehr fruchtbar waren. Schwierige Situationen lassen sich nicht immer vermeiden, und man sollte ihnen auch nicht immer aus dem Weg gehen. Aber mit der RET-Methode kann man lernen, anders über Situationen zu denken, damit man in der Folge seine Emotionen besser handhaben kann.

Verschiedene Arten von Emotionen

In der Psychologie gibt es viele Einteilungen und Kategorien für Emotionen. Es bleibt einigermaßen überschaubar, wenn man die Emotionen in vier primäre Emotionen unterteilt: Ärger, Angst, Freude und Traurigkeit. Auf diese Emotionen werden wir ab der Seite 57 noch genauer eingehen. In diesem Absatz beschränken wir uns darauf, die Begriffe aufzulisten, die häufig verwendet werden, um diese Emotionen kundzutun. Dabei unterscheiden wir die hilfreiche, adäquate und die nicht hilfreiche, inadäquate Variante (vgl. Tabelle 1).

Tabelle 1: Hilfreiche und nicht hilfreiche Varianten von Emotionen

Emotion	Hilfreiche Variante	Nicht hilfreiche Variante
Ärger	Irritation	In Wut entbrannt
Angst	Besorgnis	In Panik
Freude	Zufriedenheit	Euphorisch
Traurigkeit	Enttäuschung	Deprimiert

Die Bedeutung dieser Begriffe ist für jeden Menschen anders, ganz allgemein lässt sich aber sagen, dass jemand wenn er irritiert ist, eine Emotion erlebt, die ihn auf eine konstruktive Weise dazu ermuntert, die Dinge aktiv in die Hand zu nehmen und dafür zu sorgen, dass die Quelle der Irritation abgestellt werden kann. Anders ist es, wenn jemand wutentbrannt ist. Diese Emotion ist selten ein guter Ratgeber: Wer rasend wütend ist, steht sich damit meist selbst im Weg und richtet – im Versuch die Situation zu klären – durch seine Aggression oft noch mehr Schaden an. Dasselbe gilt für die anderen Gefühle: Weniger ist mehr.

Die Aufteilung in diese vier Grundemotionen (Ärger, Angst, Freude, Traurigkeit) ist natürlich sehr pauschal. Es geht hier um primäre Emotionen, wie wir sie auch bei Tieren wahrnehmen und deutlich unterscheiden können. Mit dieser Einteilung wollen wir aber nicht suggerieren, dass es nicht noch viele weitere Nuancen von Emotionen gibt, wie zum Beispiel Scham, Stolz, Ekel. Unsere Erfahrung hat uns gelehrt, dass durch die Beschränkung auf die Emotionen Ärger, Angst, Freude und Traurigkeit die festen irrationalen Denkmuster, die zu den jeweiligen Emotionen gehören, leichter identifiziert werden können. Ein Beispiel: Sie stellen fest, dass es um die Emotion Angst geht, d. h. Gedanken über drohende Gefahren können eine Rolle spielen. Welche Gefahren das genau sind und wie realistisch sie sind, wird dann in weiteren Schritten geklärt.

Schuldgefühle müssen – obwohl man sie der Kategorie Ärger zuordnen kann – gesondert betrachtet werden. Eine Person mit Schuldgefühlen ist meistens böse auf sich selbst. Dadurch erhält das Schuldgefühl eine eigene Färbung, weil Ärger und Wut sonst im Allgemeinen auf andere oder auf die Situation gerichtet sind. Außerdem kommen Schuldgefühle sehr häufig vor. Die realistische und hilfreiche Variante könnte man als *Reue* bezeichnen, die uns dazu dient, einmal gemachte Fehler zu reparieren oder, wenn das nicht möglich ist, die Fehler in der Zukunft zu vermeiden. Bei den starken Varianten des Schuldgefühls spielen moralische Selbstvorwürfe und Selbstverurteilungen eine tragende Rolle. Ein Mensch mit übermäßigen Schuldgefühlen denkt, er könne nach der begangenen Verfehlung nicht weiterleben und verlangt gewissermaßen, dass diese ungeschehen gemacht werden.

Emotionen können übrigens durch die Art, wie sie vermittelt werden, hervorragend verschleiert werden, so dass die wirkliche Emotion manchmal gar nicht mehr erkennbar ist. Sagt der Vorgesetzte, über die Leistung eines Mitarbeiters „enttäuscht zu sein", kann dieser Ausdruck als Synonym für „absolut verärgert" stehen und der Vorgesetzte hofft – trotz dieser verbalen Irreführung – dass der Mitarbeiter die Aussage doch richtig versteht.

Und wenn jemand zum Beispiel sagt, er sei „nicht glücklich“ über das Verhalten eines anderen oder „er fühle sich dadurch beeinträchtigt“, gibt er keine klare Auskunft über seine wirklichen Gefühle.

Im nächsten Kapitel wollen wir noch ausführlicher die Irrationalität jener Denkmuster beleuchten, die laut RET unseren dysfunktionalen Emotionen und dem Stress zugrunde liegen.

3 Was sind irrationale Überzeugungen?

Übersicht der irrationalen Überzeugungen

Innerhalb der RET-Theorie spielen die Begriffe „rational“ und „irrational“ eine wichtige Rolle. Im ersten Kapitel haben wir die entsprechenden verinnerlichten Glaubenssätze und Überzeugungen bereits angesprochen. Ein Großteil unserer unverhältnismäßig emotionalen Reaktionen, die wir mithilfe der RET eindämmen wollen, wird durch solche irrationalen Überzeugungen und Denkmuster verursacht.

Ellis formulierte seine Theorie erstmals 1955 und hat im Lauf der Jahre verschiedene Einteilungen verwendet. In einer neueren Veröffentlichung unterscheidet er drei irrationale Kernüberzeugungen: (1) *Katastrophendenken,* (2) *Niedrige Frustrationstoleranz* und (3) *Pauschale Bewertung von Personen.* Die Einteilung stimmt mit den Gedankengängen, die wir im ersten Kapitel unterschieden haben, überein. Übermäßiger Perfektionismus hängt zusammen mit der *pauschalen Selbstbewertung* anlässlich eines Fehlers. „Ich darf keinen Fehler machen, denn Fehler beweisen, wie wertlos und dumm ich bin.“ Das Katastrophendenken, wie wir es formuliert haben, deckt sich mit dem von Ellis formulierten Katastrophendenken. Er nennt es *„catastrophizing“* oder *„awfulizing“*. Gemeint ist die Übertreibung der „Dramatik“ eines Ereignisses. „Wenn ich meinen Job verliere, ist das schrecklich, es ist das Schlimmste, was mir passieren kann.“ Die *niedrige Frustrationstoleranz* ist bei Ellis etwas breiter gefasst: Er benennt nicht nur die Vorstellung, dass Rückschläge unerträglich sind, sondern auch die Forderung, dass die Welt und die anderen Menschen Rücksicht nehmen müssten, und dass das Leben einfach sein müsste. „Es ist unerträglich, dass meine Mitarbeiter nicht tun, was ich sage.“ „Wenn man etwas abgemacht hat, muss es auch funktionieren.“ Und so weiter. Bei der Forderung, dass andere auf uns Rücksicht zu nehmen hätten, spielt auch oft die pauschale Bewertung anderer eine Rolle: Die Person, die keine Rücksicht auf uns nimmt, wird insgesamt verurteilt. „Wenn jemand so etwas macht, kann er kein guter Mensch sein.“

Im Denken eines Lovejunkie finden sich verschiedene Elemente der Einteilung von Ellis: „Es ist unerträglich, wenn andere mich nicht lieben oder nicht respektieren." – *niedrige Frustrationstoleranz* – oder Elemente der *pauschalen Bewertung* der eigenen Person: „Wenn jemand mich nicht mag, heißt das, dass ich nicht liebenswürdig bin." Weiter können Elemente des *Katastrophendenkens* mit hineinspielen: „Es ist ganz schrecklich, wenn andere Menschen mich nicht mögen."

Auf welche Einteilung man auch zurückgreift, man wird immer Elemente des *Katastrophendenkens, der niedrigen Frustrationstoleranz* und der *pauschalen Bewertung* von Personen finden.

Weitere Kennzeichen irrationaler Überzeugungen

Anstatt auf den *Inhalt* der irrationalen Vorstellungen zu schauen, kann man sich auch an den typischen *Kennzeichen* solcher Überzeugungen orientieren.

Irrationale Überzeugungen kann man als *Übertreibungen* einstufen: „Unerträglich, wie schrecklich, ich gebe mir die Blöße, dieser Mensch taugt gar nichts." Solchen Übertreibungen stehen *realistische Einschätzungen,* die an sich natürlich auch negativ sein können, gegenüber. Vergleichen Sie beispielsweise: „Das ist unerträglich" mit „Das ist schwierig" und „schrecklich" mit „sehr unangenehm".

Irrationale Vorstellungen sind fordernd: „Ich darf keine Fehler machen!" „Das darf mir nicht passieren!" „Sie müssen sich an die Regeln halten!" Solchen irrationalen *Forderungen* stehen realistische Wünsche gegenüber. Zum Beispiel: „Ich bemühe mich nach Kräften darum, keine Fehler zu machen" oder: „Ich hoffe, dass mir das nicht passiert." Und: „Ich wünschte, die Menschen würden sich an die Regeln halten."

Ein weiteres Kennzeichen irrationaler Überzeugungen ist die Tatsache, dass sie häufig *übergeneralisierend* sind: „Wenn ich einen Fehler mache, bin ich ein minderwertiger Mensch." „Menschen, die solche Dinge tun, sind absolut schlechte Menschen." Die rationale Variante beschränkt sich auf die Bewertung des unerwünschten Verhaltens einer Person und kommt ohne die weitreichenden, die ganze Person umfassenden Schlussfolgerungen aus.

Interpretationen und Bewertungen

Wichtig bei der Analyse von Gedanken und Vorstellungen und der Beurteilung, inwieweit diese rational oder irrational sind, ist, zwischen *Interpretation und Bewertung* zu unterscheiden. Es sind die übertrieben negativen Bewertungen, die die schädlichen und dysfunktionalen Emotionen hervorrufen. Deshalb ist es so wichtig, explizit zwischen Interpretation und Bewertung zu unterscheiden. Zum Beispiel in dieser Situation: Nehmen wir an, Sie vermuten, dass einer Ihrer Kollegen Sie nicht gut leiden kann. Das kann eine richtige oder eine falsche Interpretation sein. Sie wissen nicht, ob es stimmt oder nicht. Vielleicht zeigt sich im Nachhinein, dass Ihre Vermutung richtig war. Die negative Interpretation des Verhaltens dieses Kollegen verursacht für sich allein genommen noch keine starken Emotionen. Die Emotionen hängen nämlich vor allem davon ab, was Sie selbst von der Sache halten. Wie schlimm ist das für Sie? Wie negativ bewerten Sie die mögliche Zurückweisung durch Ihren Kollegen? Wenn Sie jetzt Dinge denken wie: „Schade, aber kein Beinbruch", wird dieser Gedanke bezüglich der Zurückweisung wenig Emotionen auslösen. Wenn Sie es aber richtig schrecklich finden, weil Sie glauben, nur mit Kollegen arbeiten zu können, die Sie gerne mögen, fühlen Sie sich frustriert. Wenn Sie dann auch noch die weitreichende Schlussfolgerung ziehen, dass Sie als Person offensichtlich nicht liebenswürdig sind, dann haben Sie ein echtes emotionales Problem. Es sind diese Einschätzungen (Die Frage, wie schlimm das ist, die Schlussfolgerungen über den Wert Ihrer Person und Ihre Vorstellungen darüber, wie andere und die Welt sein müssten), die die starken Emotionen auslösen. Die Interpretationen an sich können richtig oder falsch sein, aber erst die Bewertungen bestimmen letztlich die Stärke der emotionalen Reaktionen.

Häufig vorkommende Formulierungen, die irrationale Gedanken verraten:

- Ich muss
- Er/Sie muss
- Es kann doch nicht sein, dass …
- Das darf mir nicht passieren
- Das ist schrecklich
- Das ist eine Katastrophe

- Das ist inakzeptabel
- Ich halte das nicht aus
- Ich verlange, dass ...
- Es gehört sich nicht, dass ...
- Ich mache das ... somit bin ich als Person ...
- In der Vergangenheit ist das passiert, also passiert es in der Zukunft garantiert auch.
- Ich handle so, also muss der andere auch so handeln.

Emotionen und Verhaltensweisen, die zu Zufriedenheit führen und keine Schwierigkeiten bereiten, werden von Gedanken gesteuert, die wir nicht weiter bearbeiten müssen. Anscheinend sind diese Gedanken gute Ratgeber für unser Fühlen und Handeln. Aber, bei den Gedanken und Überzeugungen, die uns Probleme machen, lohnt eine intensivere Betrachtung. Das soll im nächsten Kapitel unser Thema sein. Es handelt vom Hinterfragen, hier auch Disputation genannt, vom Untersuchen und Prüfen der eigenen Gedanken. Was stimmt, was stimmt nicht?

4 Veränderungsstrategien: Die Disputation

Disputation

Das Stellen kritischer Fragen, die den Denkstil, der möglicherweise Stress und übertriebene Emotionen verursacht, auf den Prüfstand bringen sollen, nennen wir in der RET *Disputation.* Die Disputation ist eines der wichtigsten Instrumente zur konstruktiven Veränderung des eigenen Denkens. Ellis hat den *sokratischen Dialog* eingeführt, der dazu anleitet, das eigene Denken kritisch unter die Lupe zu nehmen und anschließend eventuell zu korrigieren. Der Ausdruck sokratischer Dialog verweist auf Sokrates, der im alten Griechenland Philosophie lehrte, aber nicht indem er seinen Studenten sein Wissen übertrug, sondern ausschließlich indem er ihnen Fragen stellte. Damit wollte er die Studenten selbst zum Denken anregen.

Dieses Buch ist kein Therapiebuch, das heißt, es gibt keinen Therapeuten, der einem Klienten Fragen stellt. Sie können aber mithilfe dieses Buches selbst üben, sich und anderen die richtigen Fragen zu stellen. Man muss im Übrigen kein Patient oder Klient sein, um unter Stress und schwierigen Emotionen zu leiden. Die Neigung, aus Wünschen Forderungen zu machen, ist ein allgemein menschliches Phänomen und keineswegs Personen mit psychischen Störungen vorbehalten.

Wir werden mehrere Methoden, die dafür geeignet sind, die eigene Denkweise zu hinterfragen oder zur Disputation zu stellen, wie es im RET-Jargon heißt, hier behandeln. Es geht nicht darum, ob eine Methode besser geeignet ist als eine andere und es ist auch nicht immer notwendig, alle Disputationsmethoden anzuwenden. Die Anwendung einer einzigen Methode kann schon ausreichen, um zu rationaleren Einsichten zu gelangen. Folgende Methoden werden besprochen: die philosophische Disputation, die funktionale Disputation, die logische Disputation, die Disputation anhand von Fakten und die verhaltenszentrierte Disputation.

Die philosophische Disputation

Bei der philosophischen Disputation begibt man sich auf die Suche nach der tieferen Bedeutung des eigenen Lebens, die in den irrationalen Gedanken verborgen liegt. Das heißt, Sie denken die Frage weiter, was es für Sie persönlich bedeutet, wenn Ihre Forderungen nicht eingelöst werden.

Beispiel: „Ich komme zu spät für meine Präsentation"

Ich komme zu spät für meine Präsentation auf einem wichtigen und groß angelegten Kongress. Das ist wirklich ganz schrecklich, denn Zuspätkommen geht in diesem Fall gar nicht und die Organisatoren werden sauer auf mich sein.

Einmal angenommen, ich komme zu spät und die Organisatoren sind sauer: Was bedeutet das für mich?
Dass mich diese Veranstalter nie wieder auf einen solchen Kongress einladen werden.

Wenn das so ist, was bedeutet das für mich?
Dann entgeht mir die Chance, mein Wissen auf diesem Gebiet zu zeigen.

Und was folgt daraus?
Es kann sein, dass mein berufliches Weiterkommen dadurch langsamer verlaufen wird.

Wenn mein beruflicher Aufstieg nicht so schnell geht, wie ich das gern hätte, was bedeutet das?
Ah … dass ich länger brauchen werde, um dort anzukommen, wo ich hin möchte, dass ich andere Wege finden muss, meine Qualitäten zu zeigen.

Ich würde es jammerschade und enttäuschend finden, wenn mein Weiterkommen sich länger hinziehen würde. Aber ist das auch wirklich schrecklich?
Schön ist es nicht, aber es wäre wohl zu verschmerzen. Wenn ich Nachteile hinnehmen muss, weil ich diese Präsentation verpasst habe, wurmt mich das sehr, aber vielleicht ist „schrecklich" doch ein zu großes Wort …

Beispiel: „Mein Vorgesetzter sagt wiederholt einen Termin ab“

Mein Vorgesetzter hat zum wiederholten Mal einen Termin mit mir abgesagt. Das ist mir jetzt aber zu viel. Er nimmt mich überhaupt nicht ernst, er hat mich aber ernst zu nehmen.

Und was ist, wenn er mich tatsächlich nicht ernst nimmt?
Dann ist er kein guter Chef, dann kann ich mit ihm nicht gut zusammenarbeiten.

Gehen wir einmal davon aus, dass er als Chef nicht optimal ist, und dass die Zusammenarbeit mit ihm nicht gut ist, was bedeutet das für mich?
Dass ich mich ärgere und dass ich weniger Freude an meiner Arbeit habe.

Und wenn ich weniger Freude an meiner Arbeit habe, was bedeutet das für mich? Bedeutet „weniger Freude“ dasselbe wie „keine Freude“?
Nein, das nicht. Die Zusammenarbeit mit den anderen Teammitgliedern macht meine Arbeit trotzdem angenehm.

Es scheint also so zu sein, dass in meiner Arbeit manche Dinge schön und angenehm sind und andere Dinge nicht.
Ja, wenn man es so sagt, klingt es eigentlich ganz normal …

Es ist bedauerlich, wenn mein Chef mich nicht ernst nimmt und wenn ich erkennen muss, dass er in meinen Augen kein optimaler Chef ist. Es wäre mir lieber, er würde seine Termine mit mir einhalten und das werde ich ihm auch sagen. So wie es ist, ist es nicht gerade toll, aber letztlich auch wieder nicht so schlimm.

Diese Art der Disputation ist ein kraftvolles Instrument, weil man sich dabei auf genau die Themen fokussiert, die dem Leben wirklich Bedeutung geben. Welche Themen sind wirklich wichtig für Sie? Wie einschneidend ist es für Sie, wenn tatsächlich etwas eintritt, was Sie befürchten? In den meisten Fällen zeigt sich dann, dass aus „schrecklich“ schnell „unangenehm“ oder „bedauerlich“ wird. Es gibt also auch noch ein Leben nach einem Fehler. Nach der Kündigung wird nicht automatisch das ganze Leben sinnlos. Wenn der Kontakt zu einem Kollegen oder einem anderen Menschen Schaden nimmt, ist das sicher nicht schön, aber es ist auch nicht der Weltuntergang. Und in der Arbeit wird es doch nie so ideal sein, wie Sie glauben, dass es wäre, wenn immer alle Ihrer Meinung wären …

Übrigens: Sie wissen doch auch nicht immer alles, manchmal haben andere Recht.

Die funktionale Disputation

Die Strategie bei dieser Form der Disputation ist sehr einfach. Fragen Sie sich selbst, ob der jeweilige Gedanke Ihnen dabei hilft, Ihr Ziel zu erreichen. Kann er Ihnen tatsächlich dabei helfen, lassen Sie dann die RET vorübergehend ruhen. Warum sollten Sie einen hilfreichen Gedanken ändern? Wenn Sie beispielsweise denken: „So lasse ich nicht mit mir umgehen“, weil Ihr Antrag auf Weiterbildung ohne Angabe von Gründen von Ihrem Vorgesetzten abgelehnt wurde, dann gibt Ihnen dieser Gedanke die Motivation, in einem Gespräch Ihre Meinung zu sagen und für Ihre Interessen einzutreten.

Wenn Sie sich nicht sicher sind, ob der Gedanke Ihnen weiterhilft oder nicht, sollten Sie das zuerst herausfinden. Ein wirklich irrationaler Gedanke ist meist nicht hilfreich bei der Verwirklichung von persönlichen Zielen. Ich (R. B.) treffe regelmäßig auf Perfektionisten, die glauben, dass sie nur deshalb zu guten Leistungen imstande sind, weil sie sich selbst sehr viel *abverlangen* und von sich *fordern*. Nach einem kurzen Gespräch zeigt sich aber, dass sie ihre Ergebnisse viel lieber auf eine entspannte Weise erreichen würden, mit weniger Druck. In vielen Fällen passiert gerade durch den hohen Druck und die Anspannung das, was die meisten Perfektionisten verhindern wollen, dass nämlich Fehler gemacht werden. Funktionale Disputation heißt in diesem Zusammenhang, sich zu fragen, ob die *Forderung* – statt des *Wunsches* – die Arbeit gut zu machen, Ihnen wirklich hilft. Die zu erwartende Antwort lautet: nein.

Die logische Disputation

Logische Disputation bedeutet, seine Gedanken in Bezug auf ihre logische Konsistenz hin zu überprüfen. Wie logisch ist es, zu sagen, der Kollege sei „insgesamt“ als Person untauglich, weil er einen wichtigen Auftrag verpatzt hat? Wie glaubhaft kann man wollen, dass einen alle toll finden müssen, wenn man doch selbst auch nicht alle anderen Menschen toll findet? Bei der logischen Disputation kann man sehr gut mit einer *Vergleichsperson* arbeiten, einer Person, die man – gedanklich – an die eigene Stelle treten lässt. Schauen Sie genau hin, ob Sie diese Person in exakt derselben Situation auch so beurteilen würden.

Darf der Nachbarsjunge, der zum ersten Mal auf Schlittschuhen steht, denn ab und zu hinfallen? Ist Ihr Kollege ein hoffnungsloser Stümper, weil er bei einer Präsentation Mühe hatte, die richtigen Worte zu finden? Wie logisch ist es, anderen Fehler zuzugestehen, aber es sich selbst nicht zu erlauben? Wie logisch ist es, zu erwarten, dass im Konzertsaal ab sofort niemand mehr hustet, nur weil Sie das so wollen? Nach der RET-Philosophie können nur Taten verurteilt werden, aber nicht Menschen. Dass jemand bestimmte Dinge tut oder unterlässt, macht *insgesamt* keinen schlechten Menschen aus ihm.

Disputation nach Fakten (empirische Disputation)

Die Disputation anhand der Fakten, auch empirische Disputation genannt, besteht darin, genau zu untersuchen, ob die eigene Wahrnehmung richtig ist und ob die eigenen Vorstellungen mit den Fakten übereinstimmen. Wir pflegen manchmal Vorstellungen über die Welt, die nicht zu den Tatsachen passen. Achten Sie einmal auf die Verwendung absoluter Wörter wie: *immer, nie, jeder, niemand.* Sie deuten häufig auf einen Gedankengang hin, der nicht in Übereinstimmung mit den Fakten ist. Soweit bekannt, gibt es keine erwachsenen Menschen, die von allen anderen immer nett gefunden werden. Es lässt sich nicht mit Sicherheit vorhersagen, ob ein verpatzter Auftrag ohne weiteres zur Entlassung führt. Und es ist wissenschaftlich wenig fundiert, zu denken, dass ein Kollege, der vier Termine nicht eingehalten hat, den fünften auf jeden Fall wahrnehmen wird; er wird es eher nicht.

Das Verhaltensexperiment

Die vier bereits genannten Strategien bestehen vor allem aus dem Gespräch mit sich selbst, dem internen Dialog. Das Verhaltensexperiment kann dagegen dabei helfen, zuerst wahrzunehmen, was wirklich ist, bevor man irgendetwas glaubt.

Johanna L.

Johanna L. hält die Vorstellung nicht aus, man könne sie falsch verstehen. Sie ist in ständiger Sorge, dass jemand einen falschen Eindruck von ihr bekommen könnte, oder ihr unlautere Absichten unterstellen könnte oder meinen könnte, sie würde „doppelgleisig" fahren. Sie schürt ihre Angst indem sie denkt, die Leute würden sich unweigerlich von ihr abwenden, falls sie ihr Handeln nicht hundertprozentig nachvollziehen können oder bis ins kleinste Detail darüber informiert sind, was genau sie tut und weshalb sie es tut. Die Folge ist, dass sie sich permanent erklärt, gegenüber ihren Kollegen, Freunden und Angehörigen. Sie führt alles endlos aus, schreibt lange E-Mails und fragt sich nach jedem Telefongespräch, ob sie auch alles gesagt hat und ob der Gesprächspartner sie auch richtig verstanden hat. „Weißt du, was ich meine?" sagt sie so oft, dass manche Menschen schon genervt darauf reagieren, was natürlich nicht ihre Absicht ist. Sie merkt, dass sie sich ständig rechtfertigt, als ob sie sich irgendwie schuldig gemacht hätte.

Johanna L. möchte gerne neue, andere Erfahrungen machen. Sie versteht auf der rationalen Ebene sehr gut, dass nichts Schreckliches passiert, wenn sie ab und zu falsch verstanden wird, und, dass sie ihr Ziel auch ohne allzu viel überflüssige Kommunikation erreichen kann. Außerdem sind die Leute in ihrer Umgebung bestens in der Lage, nachzufragen, wenn etwas unklar sein sollte. Doch nun die Praxis …

In ihrem Kalender markiert sie eine Woche, die dafür vorgesehen ist, in einer ausgewählten Gesellschaft (die Kollegen, die mit ihr das Büro teilen) mit dem neuen Gedanken, dass es nicht notwendig ist, ihre Absichten immer wieder zu erklären, zu üben und zu experimentieren. In dieser Woche wird sie ihren Kollegen keine Kontrollfragen stellen und für sich selbst hinterfragen, mit welchem Ziel sie was sagt. Weiter wird sie in dieser Woche keine E-Mails verfassen, die länger als fünf Zeilen sind, um sich nicht ohne Not allzu ausführlich zu äußern. An mehreren Stellen bringt sie kleine Zettel an, die sie an ihr Vorhaben erinnern sollen. Am Ende der bewussten Woche will sie die Erfahrung auswerten.

Hans S.

Hans S. hat eine leitende Position und sein Problem ist, dass es ihm äußerst schwerfällt, Dinge zu delegieren. Seine Arbeitstage sind lang, weil er alles kontrolliert, was seine Mitarbeiter tun. Bei der geringsten Frage eines Mitarbeiters oder beim kleinsten Hinweis auf einen Fehler will er die Arbeit am liebsten an sich nehmen und selbst machen.

Das Feedback, das er von seinen Mitarbeitern und seinem Vorgesetzten bekommt, lautet, er müsse mehr loslassen und mehr Vertrauen in andere Menschen zeigen. Aber, das ist leichter gesagt als getan: Es gibt schließlich mehrere unerfahrene Personen in seinem Team und ein Fehler ist schnell gemacht. Auf der einen Seite will er Dinge nicht aus der Hand geben und ist sich sicher, dass der Betrieb und die Kunden nicht auf ihn verzichten können. Etwas in ihm will also gar nicht delegieren. Auf der anderen Seite ist ihm klar, dass es nicht funktionieren kann, wenn er als Führungskraft die Arbeit am liebsten selbst machen möchte. Er will das Feedback nicht negieren. Hinzu kommt, dass sich seine Frau über seine langen Arbeitstage beschwert.

Hans S. weiß also nicht so recht, wie es gehen soll. Er beschließt, es herauszufinden und entwickelt folgenden Plan: In den ersten zwei November-Wochen wird er, wie üblich, die Arbeit kontrollieren und zum Teil selbst machen. In den beiden letzten November-Wochen will er seine Mitarbeiter machen lassen und sich nur einmischen, wenn sie ihn brauchen oder wenn etwas Gravierendes vorfällt. Er führt Buch über seine Erfahrungen, Gedanken und Gefühle. Ende November will er dann bewerten, mit welchen Wochen er insgesamt am besten gefahren ist: mit den ersten beiden oder den letzten beiden.

Diese Beispiele veranschaulichen den Sinn des Verhaltensexperiments. Die zugrunde liegende Absicht ist die, dass man etwas tut, was im Widerspruch zu den eigenen irrationalen Überzeugungen steht und sich dann ansieht, welche Folgen das für einen selbst hatte. Wenn man nicht wirklich weiß, was man tun möchte, kann man auch, wie Hans es gemacht hat, ein Verhaltensexperiment durchführen, bei dem man zwei gegensätzliche Szenarien durchläuft, um herauszufinden, welches am besten passt.

Ein eindrückliches und sehr effektives Verhaltensexperiment ist die sogenannte Schamübung: Man tut etwas, das aller Wahrscheinlichkeit nach erstaunte Reaktionen hervorruft. Dieses Risiko nimmt man dabei bewusst in Kauf. Beispiele: Dem Chef ein Kompliment für seine Schuhe machen, in der vollbesetzten Kantine allen Anwesenden lautstark einen guten Tag wünschen, mit einem verrückten Kleidungsstück durch die Fußgängerzone schlendern oder im Aufzug gut hörbar ein Lied summen. Das mag sich wie ein Spielchen anhören, doch die Schamübung hat ein ernsthaftes Ziel. Wir können durch die Übung lernen, dass unser Wert als Person nicht davon abhängt, ob andere meinen, wir hätten uns ungewöhnlich oder auffällig verhalten. Falls einer von zehn Menschen, die erleben, wie Sie etwas tun, wofür Sie sich schämen, der Meinung sein sollte, Sie seien aber eine lächerliche Person, hat er dann recht? Wir würden sagen, nein. Sie *sind* schließlich nicht, was Sie *tun*. Vielleicht fällt Ihr Verhalten noch nicht einmal besonders auf …

Bitte achten Sie darauf, dass Sie sich nur auf solche Experimente einlassen, die für Sie selbst und Ihre Umgebung akzeptabel sind und niemandem schaden. Wenn Ihnen beispielsweise gute Beziehungen übertrieben wichtig sind und Sie im Rahmen einer solchen Übung alle Kollegen und den Chef beleidigen, kann das ja tatsächlich negative Konsequenzen für Sie haben. Eine angemessene Schamübung wäre in diesem Fall, dass Sie ein- oder zweimal mit einem klaren Nein auf die Frage, ob Sie länger bleiben könnten, antworten. Oder, dass Sie einen Kollegen bitten, das Radio leiser zu stellen. Oder, dass Sie ohne Erklärung und Entschuldigung eine Viertelstunde zu spät zu einer Sitzung erscheinen.

Verhaltensexperiment: Was ist wann richtig?

Haben Sie Ihren irrationalen Gedanken erkannt und genau identifiziert? Und wissen Sie bereits, welche neue Denkrichtung für Sie besser ist? Dann sind Sie schon auf dem richtigen Weg. Einige Anregungen für das weitere Vorgehen: *Lovejunkies* könnten im Verhaltensexperiment Dinge tun, die möglicherweise dazu führen, dass ihre Sympathiewerte sinken oder andere Menschen ein ungünstiges Bild von ihnen entwickeln. Bei *Perfektionismus* ist die logische Strategie, Fehler zu machen oder sich in eine Situation zu begeben, in der leicht Fehler passieren. Das kann zum Beispiel ein Gespräch sein, auf das man sich nicht vorbereitet, sondern bei dem man improvisiert. Oder man könnte eine E-Mail mit Schreibfehlern verschicken oder auf eine Frage auch einmal „weiß ich nicht“ antworten. Wenn es bei Ihnen um *niedrige Frus-*

trationstoleranz geht, sollten Sie Situationen aufsuchen, die Ihnen unerträglich erscheinen. Vielleicht ist es eine gute Übung, sich in die längste Reihe vor der Kasse zu stellen. Oder: Einmal an einem freien Tag im Berufsverkehr unterwegs zu sein und seinen Ärger in der Situation klein halten. Oder möglicherweise sollten Sie einen Kollegen, über den Sie sich ärgern, öfter einmal aufsuchen und lernen, besser mit ihm auszukommen anstatt ihm aus dem Weg zu gehen. Durch die bewusste Entscheidung für die längste Reihe, für den Stau oder für den unsympathischen Kollegen wird sich zeigen, ob die Situation tatsächlich so unerträglich ist, oder ob man nicht doch ganz gut zurechtkommt. Diese und ähnliche Situationen sind ein gutes Übungsmaterial für eine bessere Handhabung von Schwierigkeiten und Unannehmlichkeiten.

Fantasieübungen

Rationale Gedanken kann man sehr gut mithilfe von Fantasieübungen einüben. Fantasieübungen unterstützen uns dabei, die für uns hilfreichen Gedanken zu finden. Auch zur Vorbereitung auf schwierige Situationen, die viel Anspannung mit sich bringen, kann die Fantasieübung sinnvoll sein. Am besten funktioniert sie, wenn man ungestört ist. Wer möchte, kann während der Übung die Augen schließen. Zuerst stellen Sie sich so konzentriert wie möglich eine schwierige Situation vor, die bei Ihnen eine intensive Emotion auslöst, die Sie gerne abschwächen würden. Sobald Sie die schwierige Situation ganz klar vor Augen haben und die damit verbundene Emotion empfinden, intensivieren Sie in der Vorstellung dann diese Emotion noch weiter. Als nächstes schwächen Sie die Intensität der Emotion ab, ohne an der Situation selbst etwas zu verändern. Machen Sie – beispielsweise – aus der Angst Sorge oder aus dem Ärger Irritation oder aus starkem Kummer Enttäuschung.

Überlegen Sie – und schreiben Sie auf – wie es Ihnen gelungen ist, zur schwächeren Emotion zu finden. Die meisten Menschen kommen bei dieser Übung auf Gedanken, die ihnen dazu verhelfen, weniger angespannt zu sein.

Das Ergebnis der Disputation: ein effektiverer Gedanke (E)

Der nächste Schritt nach der Disputation ist die Formulierung eines effektiveren Gedankens, im ABC-Modell auch das E genannt. Dieser effektivere Gedanke ist die Voraussetzung dafür, die Veränderung der emotionalen Reaktion auf Situationen einüben zu können. Betrachten Sie das E wie eine neue Devise oder ein neues Motto, das Sie sich selbst vorsagen, wenn Sie wieder in der für Sie schwierigen (oder einer ähnlichen) Situation sind. Bitte achten Sie darauf, dass der neue, effektivere Gedanke nicht auch wieder eine irrationale Form annimmt, wie in Kapitel 3 beschrieben. Der Perfektionist, der nach der Disputation zu der Formulierung kommt, dass er nicht denken *darf*, dass er perfekt sein *muss*, hat nichts gewonnen.

Der effektivere Gedanke ist kein Ziel an sich, sondern ein Mittel, um angemessener mit spannungsgeladenen Situationen umzugehen. Wie man sich einen effektiveren Gedanken zu eigen machen kann, wollen wir im nächsten Kapitel besprechen.

5 Üben und verändern

Nun haben Sie bereits einiges darüber erfahren, wie Sie selbst, durch Ihre Art zu denken, emotionale Probleme oder Ihren Stress verursachen. Der nächste Schritt ist nun: „Was kann ich ändern und wie gehe ich vor?“ Das Trügerische bei RET ist, dass es auf den ersten Blick so einfach erscheint: Man füllt das ABC-Modell aus, verändert das B in eine produktivere, rationalere Version und „fertig, ab“, die Probleme sind bewältigt, eine sonnige Zukunft liegt vor uns. Diese Darstellung ist natürlich stark überzogen. Wir Menschen sind komplizierte Wesen und keine Computer, die mühelos von einer Software zur anderen wechseln können. In Wirklichkeit bedeutet es harte und langwierige Arbeit, wenn man eine Veränderung in seiner Denkweise, seinen Gefühlen und seinem Verhalten zustande bringen möchte. Manchmal schafft man das nicht alleine und sollte dann professionelle Hilfe in Anspruch nehmen, beispielsweise von einem entsprechend ausgebildeten Coach, Trainer oder Psychotherapeuten. Bevor wir einige Übungsstrategien hier vorstellen, wollen wir zunächst auf einige Schwierigkeiten hinweisen, die sich Ihnen in den Weg stellen können. Eventuell ist es auch sinnvoll, an dieser Stelle zuerst den Abschnitt über „Widerstand gegen Veränderungen“ in diesem Buch zu lesen (vgl. S. 138). Auch Sie werden ab und zu mit Widerständen konfrontiert werden, wenn Sie die alten vertrauten Vorstellungen und das sichere (aber ungute) Gefühl loslassen wollen.

Ich weiß es, aber es fühlt sich anders an

Die Tatsache, dass man einsieht, dass die eigene Denkweise nicht haltbar oder überzogen oder unlogisch ist, reicht nicht immer aus, um die damit verbundenen Gefühle zu ändern. Oft wird gesagt: „Ich weiß, dass es nicht stimmt, aber es fühlt sich so an.“ Eigentlich soll damit ausgedrückt werden, dass man den rationalen Gedanken zwar denken kann, dass sich aber die eigentliche Überzeugung nicht wesentlich geändert hat. Zwischen den bewusst gedachten Inhalten und den selbstverständlichen Überzeugungen, die unser Denken grundieren, können Welten liegen. Solche Überzeugungen sind für uns längst vertraute Selbstverständlichkeiten, die wir oft nicht einmal mehr bewusst wahrnehmen, wie das folgende Beispiel zeigen soll. Stellen Sie sich einmal vor, Sie wären ein Mensch, der tendenziell anderen Menschen misstraut. Immer wieder haben Sie das Gefühl, dass andere nur auf die Gelegenheit warten, Sie zu düpieren. Wenn Sie die Sache rational betrachten, ist Ihnen klar, dass nicht alle Menschen so sind. Aber die allgemeine Annahme, man könne anderen letztlich nicht vertrauen, ist so selbstverständlich, dass sie immer als Erstes aufleuchtet. Dieser Mechanismus ist für Sie selbstverständlich und die entsprechenden Gedanken sind zur Gewohnheit geworden. Bei so tiefsitzenden Überzeugungen sind wir uns oft nicht einmal der Tatsache bewusst, dass es Überzeugungen sind. Sie sehen die Welt so. Sie sehen, dass man anderen nicht vertrauen kann, das ist für Sie die „objektive" Wirklichkeit. Aufgrund Ihrer selektiven Wahrnehmung werden Sie auch immer wieder in dieser Sichtweise bestätigt. So ist ein Perfektionist beispielsweise in seiner Voreingenommenheit überzeugt davon, dass sein Selbstwert von seinen Leistungen abhängt. Mit dieser – für ihn selbstverständlichen – Grundeinstellung im Kopf sieht er ständig „Beweise" für den Kausalzusammenhang zwischen Leistung einerseits und dem Wert seiner Person andererseits. Die Aussage „Ich weiß es, aber es fühlt sich nicht so an" bringt eigentlich zum Ausdruck: „Ich verstehe es vom Kopf her, aber meine verinnerlichten Überzeugungen haben sich nicht wirklich verändert." Manchmal hat man dann das Gefühl, dass man sich selbst zum Narren hält: „Die Wirklichkeit ist eigentlich anders, als ich denke, dass sie ist. Das bedeutet, es ist richtig harte Arbeit, tiefsitzende Überzeugungen zu verändern."

Die Übungsphase

In diesem Buch lernen Sie unterschiedliche Wege kennen, wie Sie Ihre unproduktiven Gedanken und Überzeugungen ändern können. Erstellen Sie angesichts einer belastenden Situation zunächst ein ABC. Der schwierigste Schritt ist dabei meistens das Herausarbeiten der vorhandenen Gedanken und Überzeugungen, also das Finden der Bs. Es bedarf der Selbstbeobachtung und der Selbstanalyse und benötigt deshalb etwas Zeit. Der nächste Schritt ist das Hinterfragen, das D, der unproduktiven Überzeugungen. Danach werden rationalere und produktivere Vorstellungen formuliert, die verhindern helfen, dass extreme Emotionen oder starker Stress ins Spiel kommen. Damit ist die Phase der neu erworbenen, hilfreichen Einsichten erreicht. Der Perfektionist realisiert zum Beispiel an dieser Stelle, dass der Wert seiner gesamten Person nicht ausschließlich von seinen Leistungen abhängt. Bei jemandem, der schnell frustriert ist, kommt es hier zur Akzeptanz des Gedankens, dass die restliche Welt nicht ausschließlich damit beschäftigt ist, ihm die Dinge möglichst leicht zu machen. Der Katastrophendenker bringt die „Heftigkeit" der Dinge, die ihm widerfahren können, in eine realistische Perspektive. In diesem Moment ist die Hälfte der Arbeit getan: Die richtigen Einsichten sind erreicht worden. Der nächste Schritt ist, die neuen Vorstellungen in die Praxis des Alltags zu überführen. Es braucht neue Denkgewohnheiten, die die alten, lang gehegten Überzeugungen, die immer wieder Probleme verursacht haben, ersetzen. Das ist nicht ganz einfach, schließlich haben Sie die alten Überzeugungen jahrelang gepflegt.

Konkrete Vorsätze und kleine Schritte

Entscheiden Sie zuerst ganz klar, worauf Sie den Fokus richten wollen. Ein häufig gemachter Fehler ist, dass man aus Begeisterung über die neuen Einsichten alles anders machen möchte: „Ab jetzt werde ich die Dinge mehr relativieren und mich in der Arbeit nicht mehr so hineinsteigern." Das ist ein enthusiastischer und sehr ehrgeiziger Plan, der nur schwer gelingen kann. Aussichtsreicher ist es, sich auf ein sehr konkretes Veränderungsziel zu beschränken. Ein perfektionistischer Denker könnte sich beispielsweise Folgendes vornehmen: „Für jeden Bericht, den ich künftig schreiben muss, setze ich mir ein Zeitlimit. Außerdem wiederhole ich täglich folgenden Text, den ich auch in meinen Terminplaner geschrieben habe: Dieser Bericht wird womöglich einige Mängel aufweisen, was in Anbetracht der Zeit, die ich darauf verwendet habe, nicht verwunderlich ist. Aber ausreichend ist mir gut genug. Ich muss meinen Wert als Mensch nicht mit diesem Papier verbinden."

Ein weiterer Vorsatz dieses Perfektionisten könnte lauten: „Für die nächste Sitzung bereite ich meine Präsentation anhand einiger loser Notizen vor. Die PowerPoint-Präsentation mit fertig ausformuliertem Text lasse ich einmal, aus Gründen des Experiments, beiseite. Ich behalte im Hinterkopf, dass es nicht das Ende der Welt ist, wenn Kritik kommt. Es wird sich dann zeigen, ob ich die Kritik berücksichtigen werde oder nicht."

Je konkreter der Übungsauftrag ist, desto größer die Chance, dass er gelingt und tatsächlich umgesetzt wird. Weiter sind es die kleinen Schritte, die man zwischendurch immer wieder macht, die die Aussicht auf Erfolg vergrößern. Sie halten auch die Motivation aufrecht. Hoch gesteckte und gegensätzliche Ziele dagegen entmutigen, weil sie kaum Aussicht auf Erfolg haben. Setzen Sie sich kleine Ziele, planen Sie die Übungen so, dass sie motivierende Erfolgserfahrungen generieren.

Verschiedene Arten von Übungen

Bei den beiden oben genannten Übungen geht es vor allem darum, neues Verhalten in die praktische Anwendung zu bringen. Im ersten Beispiel wird der Vorsatz gefasst, sich an ein Zeitlimit zu halten. Im zweiten Beispiel wird eine Präsentation einmal anders gehalten als bisher üblich. Wesentlich für den Erfolg ist, dass bei den Übungen neue Gedanken bewusst zum Einsatz kommen. Mit dem bloßen Vorsatz, sich anders zu verhalten – was viele Menschen versuchen – kommt man meist nicht weit. Funktionales Verhalten wird ja gerade durch Emotionen und die dazugehörigen Vorstellungen verhindert, so dass es sinnvoll ist, zunächst hier anzusetzen. Unser ineffektives Verhalten ist oft nichts anderes als Vermeidungsverhalten, um die Angst zu umgehen. Sie haben vielleicht, um ein Beispiel zu nennen, bisher unnötig viel Zeit investiert, um interne Planungen an Ihrem Arbeitsplatz in schriftliche Berichte zu fassen. Sie haben sich von allen Seiten abgesichert, um eventuelle Unsicherheiten zu umschiffen. Die übertriebene Sorgfalt diente also vor allem dazu, Sie bereits im Vorfeld vor möglicher beängstigender Kritik zu schützen. Genauso könnte Ihre Angewohnheit, jede Präsentation in PowerPoint vorzubereiten und nichts dem Zufall zu überlassen, dem Versuch dienen, möglicher Kritik zuvorzukommen. Es muss immer auf verschiedenen Ebenen gearbeitet werden. Sowohl die Verhaltensveränderungen als auch die Veränderungen im Denken und Fühlen sind wichtig, wie die folgenden Beispiele zeigen.

Lukas N.

Lukas' Problem ist, dass er sich selbst aufgrund der Tatsache, dass er seine Wut nicht beherrschen kann, regelmäßig in Schwierigkeiten bringt. Mithilfe von Selbstanalysen und durch Gespräche mit seinem Coach ist ihm klar geworden, dass seine Art zu denken, bestimmend und fordernd ist. „Jemand vom Fach darf einen solchen Fehler nicht machen", „Alles muss immer rechtzeitig an mich weitergeleitet werden" usw. Schon oft ist er mit dem Vorsatz, den Mitarbeitern gegenüber nicht mehr so ausfällig zu werden, gescheitert. Jetzt arbeitet er vorrangig an seiner Art zu denken, er möchte lernen, weniger fordernd und toleranter in seinem Denken zu werden. Vor einer Arbeitsbesprechung liest er seine Aufzeichnungen von den vorigen Treffen durch, zu denen er eine ABC-Analyse gemacht hat und anstelle seiner Forderungen Wünsche formuliert hat. Für ihn ist das ein guter Weg, die neuen Überzeugungen, die ein deutlich weniger aggressives Verhalten hervorbringen, immer wieder einzuüben.

Elisabeth G.

Elisabeth fühlt sich schuldig, wenn sie ärgerlich auf ihre dreijährige Tochter Lea reagiert. Wenn sie im Park spazieren gehen, reißt Lea sich oft los, wenn sie ein anderes Kind sieht oder ein Hund oder eine Ente ihre Aufmerksamkeit erregen. Elisabeth ist dann verärgert und hat Angst, dass etwas passieren könnte und gibt ihr einen Klaps auf den Hintern. Hinterher fühlt sie sich wegen ihres unkontrollierten Verhaltens enorm schuldig: „Ich bin eine schlechte Mutter!" Sie will jetzt anfangen, sich selbst und ihre Schwächen besser zu akzeptieren, da sie sich oft schuldig und niedergeschlagen fühlt. Bevor sie mit ihrer Tochter weggeht, nimmt sie sich vor, weniger ängstlich und weniger verärgert zu reagieren. Sie wiederholt mehrmals den Satz „Eine perfekte Mutter werde ich wohl nicht werden, auch ich habe Schwächen." Außerdem trägt sie auch immer einen Brief in ihrer Handtasche, der sie an ihren Vorsatz erinnert, wenn sie in eine entsprechende Situation kommt.

Im Rahmen des Veränderungsprozesses ist es wichtig, geeignete Strategien zu finden, die dabei helfen, sich mental auf schwierige Situationen gut vorzubereiten. Die mentale Vorbereitung führt uns zum einen zu einer geeigneten mentalen Haltung, die dafür sorgt, dass wir mit der Situation besser umgehen können, zum anderen ist sie eine gute Gelegenheit, das Gelernte zu wiederholen und weiter einzuüben. Wie bei allen Formen des Lernens – ob es nun um Klavierstunden geht oder das Erlernen von anderen Gedanken – entfaltet sich die Kraft durch ständige Wiederholung. Nur durch Wiederholung kann man neue Gewohnheiten erlernen. Es spricht einiges dafür, dass man sogar plant, aktiv in schwierige Situationen hineinzugehen. Wenn Sie lernen wollen, nicht jedes Mal, wenn andere etwas von Ihnen wollen, Ja und Amen zu sagen, ist es sinnvoll, gerade die eine Freundin, die dies besonders häufig macht, nun öfter zu besuchen. Wenn Sie Busfahrer sind, der es sehr stressig findet, wenn lärmende Schüler in den Bus kommen, ist es vielleicht eine gute Idee, Ihren Vorgesetzten darum zu bitten, Ihnen für eine Weile lang Strecken mit vielen Schülern zuzuteilen. Im Normalfall neigen wir dazu, schwierigen Situationen – in denen wir viel lernen können – aus dem Weg zu gehen. Wenn man Veränderung möchte, ist das natürlich keine produktive Strategie.

Werde ich mich jemals wirklich ändern?

Es bleibt eine offene Frage, ob wir unsere Persönlichkeit grundlegend ändern können. Ein Training oder eine Therapie, die diesen Anspruch erhebt, sollte mit Vorsicht betrachtet werden. Man könnte in die Hände von semi-religiösen Sekten, Scharlatanen oder Leuten, die einem mit hoch gesteckten Erwartungen einen Haufen Geld aus der Tasche ziehen wollen, geraten.

Ein machbares Ziel wäre, dass man mit den Mitteln eines Trainings oder einer Therapie soweit kommt, dass man auf eine andere Art und Weise mit seinen Neigungen umgeht. Grundsätzlich ist es sinnvoll davon auszugehen, dass die vorhandenen Neigungen so bleiben, wie sie sind. Aber, ein Perfektionist wird besser relativieren können und damit seine schädliche Neigung, nämlich, seinen Selbstwert von den Leistungen abhängig zu machen, besser in den Griff bekommen. Ein Mensch, der ein Problem mit Wutanfällen hat, kann lernen, den Moment genauer zu erkennen, an dem er sich gefährlich in etwas hineinsteigert. Er lernt, sich besser zu beherrschen. Der ängstliche Mensch mit dem Vermeidungsverhalten wird sicher ab und zu in die Vermeidungsstrategie zurückfallen, aber er lernt, sein Verhalten zu korrigieren. Im Training oder in einer Therapie kann man lernen, anders und produktiver mit seinen persönlichen Neigungen umzugehen. Wahrscheinlich ist dies ein lebenslanger Lernprozess. Wir hoffen, dass wir Ihnen mit diesem Buch ein Werkzeug in die Hand geben können, mit dem Sie die kontraproduktiven Neigungen beherrschen lernen und wir hoffen, dass wir Ihnen zeigen können, wie Sie Einfluss auf Ihre Emotionen oder Ihr Verhalten nehmen können. Vielleicht ist der entscheidende Punkt der, dass Sie erkennen, dass Sie selbst Einfluss auf Ihr Gefühl und Ihr Verhalten nehmen können. Sie sind kein Spielball von irgendwelchen äußeren Kräften, Sie bestimmen selbst.

B Emotionen

6 Zorn und Wut

In den folgenden Kapiteln werden wir uns die vier Hauptemotionen (Zorn/Wut, Angst, Kummer/Trauer, Freude) genauer ansehen. Wir werden jeweils zwischen hilfreichen und nicht hilfreichen Varianten der betreffenden Emotion unterscheiden. Weiter wollen wir die Beziehung zwischen einer bestimmten Denkweise und der emotionalen Reaktion aufzeigen. Damit sollen Sie, die Leserinnen und Leser, Erkenntnisse darüber gewinnen, wie Ihre Emotionen entstehen und welche Denkart den jeweiligen Emotionen zugrunde liegt. Wir fangen mit dem Zorn an.

Beispiel

Sie schauen aus dem Fenster und nehmen wahr, wie zwei Jungen aus der Nachbarschaft soeben Ihren neuen Wagen mit einer Spraydose bearbeiten. Das Auto wird mit vielen bunten Streifen und Klecksen bemalt. Sie werden bleich vor Schreck, ein beklommenes Gefühl macht sich im Magen breit und Ihr Herz klopft wie wild. Wütend laufen Sie auf die Straße. Vielleicht greifen Sie beim Vorbeilaufen im Flur noch schnell den Hockeyschläger um die Übeltäter zu bedrohen oder – in blinder Wut – ihnen sogar einen kräftigen Schlag zu versetzen.

Beispiel

In Ihrem Dorf wird ein Festtag gefeiert, ein Autocorso wurde organisiert. Mit den Nachbarssöhnen haben Sie abgemacht, dass diese Ihr Auto mit Wasserfarben verzieren dürfen. Jeder im Dorf fährt im Corso mit. Zufrieden und entspannt schauen Sie zu, wie sich die beiden mit Begeisterung ihrer Aufgabe widmen.

In diesen beiden Beispielen gibt es jeweils einen Moment, an dem Sie genau dasselbe wahrnehmen, aber dennoch emotional völlig unterschiedlich reagieren. Der Unterschied liegt in der Bewertung, die Sie mit Ihrer Wahrnehmung verbinden. Dieser Prozess ist eine Frage von Sekundenbruchteilen. Das Beispiel zeigt, dass die Emotion nicht allein durch die entsprechende Wahrnehmung verursacht wird. Viel gravierender sind die psychischen Prozesse, die dabei eine Rolle spielen. In der ersten Situation ist Ihre Interpretation der Situation folgende: Hier wird mir absichtlich Schaden zugefügt. Dazu kommt, dass Sie den Ernst der Situation *bewerten*: Was halte ich davon? Sie finden die Sache skandalös und katastrophal. Die Täter müssen bestraft werden. Der Zorn, der jetzt entsteht, aktiviert das angreifende Verhalten: Mit einem Hockeyschläger in der Hand laufen Sie schreiend hinaus. Auch dabei nehmen Sie eine blitzschnelle Einschätzung vor: Ich schaffe diese Jungs schon. Wenn es sich um zwei erwachsene Männer gehandelt hätte, in Lederjacken, mit kahlrasierten Köpfen und mit Ring im Ohr, hätten Sie sich womöglich anders verhalten. Sie wären wahrscheinlich schnell zum Telefon gerannt und hätten die Polizei gerufen.

Emotionen werden zu einem Großteil davon bestimmt, wie wir denken und wie wir eine Situation einschätzen. Die emotionale Reaktion besteht aus Einzelkomponenten, zu denen auch die körperliche Reaktion gehört. Über das autonome Nervensystem kommt es zu schnellen physiologischen Veränderungen, Herzrasen oder Schwitzen zum Beispiel. Es entsteht eine Verhaltensneigung. Im Fall der Wut ist es die Neigung, den Bösewicht anzugreifen, wie in dem Beispiel mit den Jungs und ihren Spraydosen. Ob man der Neigung dann auch nachgibt, wird wieder vom Denken entschieden: „Schaffe ich das?“ Es kann aber auch die Angst vorherrschend sein, wodurch eine andere Neigung, nämlich die zur Flucht, auftritt.

Wenn Menschen über ihre Emotionen sprechen, können sie über diese verschiedenen Aspekte sprechen: ihr Gefühl, körperliche Phänomene oder ihr Verhalten. Wenn jemand sagt: „Ich war wütend“ kann er damit Unterschiedliches ausdrücken: Ich habe eine Wut gespürt, mein Magen hat sich verkrampft, ich habe innerlich gekocht, ich habe die Leute beschimpft, ich habe sie verprügelt. Ich (R. B.) erlebe oft, dass Klienten erklären: „Ich war nicht wütend, ich bin ganz ruhig geblieben.“ Wenn ich dann frage: „Und wie haben Sie sich innerlich gefühlt?“ kommen andere Antworten, wie: „Ich war auf 180!“ Wir haben gelernt, äußerlich ruhig zu bleiben, auch wenn es innerlich stürmt. Dass es aber nicht gesund ist, Wut zu unterdrücken, wissen wir längst. Viele Beschwerden, die unter dem Sammelbegriff Stress laufen, könnte man auch unter dem Nenner „zurückgehaltene Wut“ zusammenfassen. Es klingt aber nicht so „cool“, wenn man sich nach einem Konflikt am Arbeitsplatz mit der Mitteilung, man leide unter unterdrückter Wut, krank melden würde. Manchmal ist es ja auch empfehlenswert, seine Wut zurückzuhalten, vor allem, wenn man sie selbst nicht gut steuern kann. Den Chef oder die Kollegen zu beschimpfen oder – schlimmer – ihnen gegenüber handgreiflich zu werden, kann unangenehme Konsequenzen haben. Dabei grenzt es schon an ein Wunder, dass bei Konflikten am Arbeitsplatz meistens nichts Schlimmeres passiert.

Die RET ist darauf ausgerichtet, die Kontrolle über die eigenen Emotionen zu behalten. Ziel ist es, seine Emotionen und, in der Folge, sein Verhalten im Griff zu haben. Unterdrückte Wut ist ungesund, aber ein unkontrollierter Wutausbruch kann große Schwierigkeiten mit den Mitmenschen nach sich ziehen.

Die Kontrolle über die eigenen Emotionen zu haben oder sie im Griff zu haben, bedeutet nicht, dass man seine Emotionen unterdrückt, oder dass man alles einfach so hinnimmt und sich nicht zur Wehr setzen darf. In unserer heutigen Gesellschaft, in der Konflikte kaum mehr offen ausgetragen werden, braucht es sozial akzeptierte Mittel, die es erlauben, für sich und seine Interessen einzutreten. Es ist deutlich effektiver, sich auf eine kontrollierbare Art und Weise zu ärgern oder irritiert zu sein und dies in einer sozial akzeptablen Weise vorzutragen. Irritation kann ein Warnsystem dafür sein, dass das eigene Selbstwertgefühl in Bedrängnis ist oder dass Unrecht geschieht oder Widerstände am Werk sind. Irritation gibt Energie, um zu einer wachsamen Handlung überzugehen. Solange man die Emotionen hinreichend im Griff hat, ist die Wahrscheinlichkeit größer, dass diese Handlung kompetent und effektiv ausfällt und die Situation beherrschbar bleibt. Die Situation eskaliert nicht und niemand kommt zu Schaden, auch der Handelnde selbst nicht. Mit der RET wird man sich vor allem mit der eigenen Denkweise und den verborgenen Überzeugungen, die die Wut erzeugen, beschäftigen.

Auch hier lassen sich wieder zwei Grundtypen von Gedanken, die bei der Einschätzung einer Situation eine Rolle spielen, unterscheiden, nämlich die Interpretation und die Bewertung. Interpretationen sind an sich neutral. Sie versuchen, die Motivation und Absicht der anderen Person zu erklären. In dem Beispiel mit den Nachbarsjungen könnte man folgende *Interpretationen* vornehmen: Die beiden wollen absichtlich mein Auto beschädigen oder die beiden verzieren mein Auto für den Festumzug. Erst die *Bewertung* bestimmt: „Wie schlimm oder wie schlecht finde ich das?" Der wertende Gedanke nimmt nun seinen Einfluss auf die Art und die Intensität der folgenden Emotion.

Die Interpretation „Die beiden schmücken mein Auto für den Festumzug" wird vermutlich kaum Emotionen auslösen. Wenn als Bewertung daraus folgt: „Schön, dass sie das machen", wird sich ein angenehmes Gefühl einstellen. Folgt aber die Bewertung: „Das dürfen die nicht, diese Schurken, man muss sie festnehmen", dann ist nicht mit einem positiven Gefühl zu rechnen. Auch ist nicht davon auszugehen, dass trotz dieser Interpretation eine positive Bewertung erfolgt, wie „Die Farbe des Autos hat mir doch nicht so gut gefallen – Das ist eine gute Gelegenheit, den Wagen auf Kosten der Versicherung neu spritzen zu lassen." Theoretisch möglich ist eine solche Bewertung natürlich schon. Ehrlich gesagt habe ich selbst schon einmal darauf gehofft, dass mein Auto, das ich als Fehlkauf betrachtete, beschädigt würde.

Die Denkweise hinter dem Zorn

Ein wichtiger Punkt bei Zorn und Wut ist die Vorstellung, dass einem etwas Böses angetan wird, dass einem Steine in den Weg gelegt werden. Die klassische Auffassung innerhalb der Psychologie ist die Frustrations-Aggressions-Theorie im Zusammenhang mit Wut. Die Theorie besagt, dass Aggressionen immer dann entstehen, wenn wir frustriert sind oder wenn wir beim Versuch, unsere Ziele zu erreichen, boykottiert werden. Das kann man bereits bei Babys beobachten. Ein Baby, dessen Rassel zu weit entfernt liegt, um sie greifen zu können, beginnt wütend zu schreien. Erwachsene werden beispielsweise wütend, wenn sie unterwegs zu einem wichtigen Termin in einen Stau geraten. Ein anderer Punkt, der bei Wut oft eine Rolle spielt, ist die Verletzung von Regeln durch andere, zum Beispiel, wenn jemand Vereinbarungen nicht einhält: „Die Leute müssen sich an die Vereinbarung halten." Gerechtigkeitsvorstellungen sind hier ein zentrales Thema. „Es ist ungerecht, wenn er sich nicht an die Abmachungen hält, ich halte mich ja auch daran."

Ein dritter Punkt, der hinzukommen kann, ist die Verletzung der Ehre oder der Integrität. „Ich werde hier wie ein Stück Dreck behandelt. Was glauben die wohl, wer sie sind?“

Das irrationale Element bei diesen Vorstellungen ist der fordernde Charakter, der darin verborgen ist. „Da ich dieses oder jenes erreichen will, darf mir keiner was in den Weg legen. Und weil ich diese Regel unterschreibe, müssen sich andere daran halten.“

Übergeneralisierungen treten bei Wut dann auf, wenn man in einem übertriebenen Maß darauf schaut, wie mit einem umgegangen wird: „Sie greifen mich als Person an, indem sie mich so behandeln.“ Das Verhalten anderer Menschen wird hier mit dem Selbstwert verknüpft. Zu guter Letzt kann der Hang zur Rache noch eine Rolle spielen. „Nur, wenn ich auch dem anderen etwas antue, bekomme ich meinen Selbstwert zurück.“

Demütigung: Das tut man sich selbst an

Große Wut, aber auch große Traurigkeit entstehen durch den irrationalen Gedanken, dass „jemand mich gedemütigt und mir als Person Schaden zugefügt hat.“ Demütigen heißt wörtlich: klein machen, nach unten ziehen. Es ist absolut verständlich, wütend oder traurig zu sein, wenn ein anderer etwas tut, wodurch man sich vor den Augen anderer Menschen herabgewürdigt, zurechtgewiesen oder nicht wertgeschätzt fühlt. Jeder Mensch möchte gern von seinen Mitmenschen geachtet und geschätzt werden. Der Gedanke, dass man von jemand anderem gedemütigt werden kann, ist dennoch irrational, denn es würde bedeuten, dass der Wert der eigenen Person vom Urteil eines anderen abhängig ist. Wenn Sie glauben, jemand habe Sie gedemütigt, gestehen Sie selbst diesem anderen Menschen eine Position zu, die es ihm erlaubt, über Sie *als gesamte Person* zu urteilen. Sein negatives Urteil besagt für Sie nun, dass Sie kein liebenswerter Mensch sind. Aber wie befugt ist dieser andere, um dieses Urteil abzugeben? Wie lässt sich überhaupt Ihr Wert als Person feststellen? Und wer trifft diese Feststellung? Was macht eine Person wertvoll und wer bestimmt das?

In der RET gilt, dass man nur Taten, aber keine Menschen bewerten kann. Urteilt ein anderer Mensch über uns, ist sein Urteil noch lange nicht wahrheitsgemäß, nur weil er das so denkt, findet oder sagt. Es gibt keinen Maßstab, mit dem man den Wert eines Menschen beurteilen könnte. Wer sich selbst mit dem Gedanken klein macht, dass er nichts mehr wert sei, weil die andere Person negativ urteilt, dem sei empfohlen, einmal kritisch zu hinterfragen, auf der Grundlage welcher Argumentation er plötzlich „nichts mehr wert ist."

Menschen, die wir schätzen und gerne mögen, können uns natürlich auf schmerzhafte und für andere sichtbare Art und Weise zurückweisen. Das ist nicht schön, aber leider ein Risiko, das sich nicht ganz vermeiden lässt.

Adäquate Reaktionen sind Enttäuschung, vielleicht auch eine gründliche Selbstbetrachtung, aber nicht Wut, Depression und Selbstabwertung.

Praktikabler Umgang mit Wut und Zorn

Eine oft gehörte und sehr hartnäckige Meinung lautet, es sei gesund, Wut zu äußern. „Man darf seine Wut nicht unterdrücken. Sie muss raus!" Vielleicht hilft es tatsächlich kurzfristig, seine Wut an einer Boxbirne oder einem anderen neutralen Gegenstand abzuarbeiten. Das fühlt sich momentan gut an, löst aber die Probleme nicht. In Arbeitssituationen kann es Folgen haben, wenn man seine Wut rauslässt, weil man möglicherweise Dinge sagt, die einem später leidtun. Es belastet die Beziehungen. Noch gefährlicher wird es, wenn die Wut physisch geäußert wird. Gerade auch im familiären Umfeld kann unkontrollierte Wut eskalieren und zu Misshandlungen und anderen schwerwiegenden Folgen führen. Die Äußerung von Wut hat Ähnlichkeit mit dem Ventil an einer Dampfmaschine. Es kann eine Möglichkeit sein, den Druck zu vermindern. Aber es wäre natürlich viel effektiver, erst gar nicht so viel Dampf aufzubauen und das Wasser nicht so stark zu erhitzen. Das

Wichtigste ist, wie wir schon angedeutet haben, seiner Wut nicht ausgeliefert zu sein, sondern sie im Griff zu haben. Dadurch lässt sich die Energie, die diese Emotion hervorbringt, für adäquate Aktionen, wie selbstbehauptendes Verhalten, gegenüber dem Aggressor nutzen.

Es kommen selten Klienten zu einem Therapeuten mit dem Wunsch ihr Wut-Problem zu bearbeiten. Dic mcisten Leute gehen nämlich davon aus, dass dieses Problem von außen an sie heran getragen wird: „Würde sich mein Chef mir gegenüber gerechter verhalten, wäre das Problem vom Tisch.“ Das ist, wie wir bereits besprochen haben, eine A-C-Argumentation. Man muss erst verstanden haben, dass man selbst beim Zustandekommen der Wut eine wichtige Rolle spielt. Man muss verstanden haben, wie sehr man selbst unter der Wut leidet, weil sie zu viel Spannung erzeugt, zu viel Energie kostet und am Ende die Probleme sogar noch vergrößert. Erst dann kann man sich aktiv dafür entscheiden, etwas gegen die eigene Wutreaktion zu unternehmen. Man kann lernen, anders zu denken und sich den irrationalen Anteil an seinem Denken bewusst zu machen, zum Beispiel bei solchen Gedanken:

- *„Wenn ich etwas will, darf mich niemand dabei behindern.“*
- *„Die Leute müssen sich an meine Regeln halten.“*
- *„Man muss mich immer gerecht behandeln, alles andere ist unakzeptabel.“*
- *„Wenn mich jemand beleidigt oder mich ausbremsen will, muss ich dagegen etwas unternehmen, sonst leidet mein Selbstwertgefühl.“*

Wut über die Wut

Um es noch komplizierter zu machen, werfen sich viele Menschen, die zu Wutgefühlen neigen, auch noch vor, dass sie wütend sind. Sie glauben, dass sie sich zu sehr von der Wut mitreißen lassen und dass sie das nicht zulassen dürfen. Es kommt auch häufig vor, dass Menschen ärgerlich auf sich selbst reagieren, wenn sie eine andere Emotion empfinden, Angst zum Beispiel. Darauf kommen wir in Kapitel 16 noch zu sprechen.

7 Angst

Gerhard S.

Gerhard S. ist Account Manager bei einer Bank. In seinem Umfeld sind Umstrukturierungen geplant. Laut der entsprechenden Berichte sind betriebsbedingte Kündigungen unvermeidlich. Er grübelt über die Frage, ob auch er entlassen werden könnte. Er darf gar nicht daran denken, schon der bloße Gedanke macht ihm Angst. Er hat eine Frau und zwei halbwüchsige Kinder, die Familie lebt von seinem Einkommen.

Regina R.

Regina R. ist als Marketing Analystin bei einer Molkerei tätig. Nächste Woche muss sie zum ersten Mal eine Präsentation vor dem Managementteam über ihre Marktuntersuchungen der letzten Monate halten. Seit ein paar Tagen schläft sie schon schlecht. Sie leidet unter Angstgefühlen bei der Vorstellung, die Präsentation könnte nicht gut laufen. Sie befürchtet, dass ihre Schlussfolgerungen und ihre Empfehlungen nicht akzeptiert werden könnten. Sie stellt sich vor, wie es ihr die Sprache verschlägt, sobald Mitglieder der Geschäftsleitung mit kritischen Bemerkungen kommen.

Werner V.

Werner V. hat seit Tagen Kopfschmerzen. Er hatte gehofft, noch in derselben Woche einen Termin bei seinem Hausarzt zu bekommen, aber das war nicht möglich, er muss bis nächste Woche warten. Herr V. macht sich große Sorgen und ist sehr angespannt, weil er glaubt, einen Tumor zu haben. Er hat nämlich in einer Zeitschrift gelesen, dass Kopfschmerzen häufig die ersten Symptome eines beginnenden Tumors sind.

Maria K.-S.

Maria K.-S. wird immer wieder von Panikgefühlen überfallen, wenn ihre 10-jährige Tochter Lisa zu spät von der Schule nach Hause kommt. Manchmal sieht sie die Unfälle, in die Lisa verwickelt ist, förmlich vor sich. Es folgt dann immer eine große Erleichterung, wenn sie ihre Tochter gesund und unverletzt mit ihrem Fahrrad ankommen sieht.

Das sind vier Beispiele für Angstreaktionen. Inhaltlich geht es um verschiedene Dinge: Angst vor der Kündigung, Angst vor der Blamage, Angst vor einer tödlichen Krankheit sowie der Angst davor, dem eigenen Kind könnte etwas zustoßen.

Gleich ist in allen Situationen, dass die betreffenden Personen über etwas Gefährliches, das ihnen widerfahren könnte, nachdenken. Das ist auch immer wieder die Essenz der Gedanken, die Angst auslösen, sie handeln von schlimmen Ereignissen, Gefahren oder Bedrohungen, die auf uns zukommen können. Es geht um Bedrohungen, denen man sich nicht gewachsen fühlt. Herr S. denkt anlässlich der Nachrichten über die Umstrukturierungen an seinem Arbeitsplatz an die Möglichkeit, entlassen zu werden. Das ist für sich allein genommen in der beschriebenen Situation keine irreale Vorstellung. Das könnte tatsächlich passieren und ist Grund genug, sich Sorgen zu machen. Doch erst die Schlussfolgerung, wie schlimm die Entwicklung für ihn wäre und der Schweregrad der drohenden Gefahren, machen die Nachricht angsteinflößend. Auch hier sind es wieder die Bewertungen, die die starken Emotionen auslösen. Vielleicht denkt Gerhard S. Dinge wie: „Dann kriege ich nie mehr einen Job“ oder „Unsere Familie wird in Armut leben müssen.“ Und vielleicht auch: „Dann habe ich als Mann und Ernährer der Familie versagt.“

Regina R. denkt über Fehler nach, die ihr möglicherweise bei ihrer Präsentation vor dem Managementteam unterlaufen könnten. Das wäre natürlich ärgerlich, es erklärt aber noch nicht hinreichend die große Angst. Ihre Ängste werden vor allem von Gedanken und Fantasien wie: „Das wird eine Riesenblamage“, „Sie werden sehen, dass ich es nicht wirklich drauf habe“, „Ich kann meine weitere Karriere vergessen“ genährt. Als ob in dem Moment ihrer Präsentation ihr Selbstwert und ihre ganze Karriere zur Diskussion stünden.

Werner V. zieht aufgrund seiner Kopfschmerzen die Schlussfolgerung, dass er eine tödliche Krankheit hat. Das ist natürlich nicht ganz auszuschließen, doch die Wahrscheinlichkeit ist äußerst gering. Die Angst entsteht durch die Übertreibung und die gewaltige Verzerrung seiner Wahrscheinlichkeitsberechnung. Zusätzlich könnten eventuelle Fantasien über einen schrecklichen und schmerzhaften Tod die Angst weiter verschlimmern.

Maria K.-S. denkt, wenn Lisa nicht pünktlich nach Hause kommt, immer gleich an das Schlimmste: Sie ist verunglückt. Es kommt natürlich vor, dass Kinder verunglücken und das ist schrecklich. Es ist also durchaus verständlich und auch realistisch, sich Sorgen zu machen. Die große Angst von Werner V. und Maria K.-S. entsteht aber erst durch die Übertreibungen und die Missachtung von Wahrscheinlichkeiten.

Versagensängste

Das Beispiel von Regina R. ist ein typisches Beispiel für Versagensangst. Die Vorstellung, einen Fehler zu machen oder Kritik zu ernten, ist deshalb so beängstigend, weil in der Fantasie so viel auf dem Spiel steht. Der perfektionistische Gedankengang spielt meist eine zentrale Rolle: „Wenn ich Fehler mache, Schwächen zeige oder Kritik einstecken muss, sagt das etwas über meinen Wert als qualifizierte Fachkraft, als Mutter, als Ehepartner oder, allgemeiner, als Person aus.“ Bei einem solchen Gedankengang wird der Selbstwert mit den eigenen Leistungen oder Fähigkeiten verknüpft: „Ich muss das richtig gut machen, sonst erweise ich mich als wertlos.“ Die Irrationalität ist hier in der Übergeneralisierung zu sehen: „Wenn mein Verhalten nicht gut ist, bin ich nicht gut.“ Weitere irrationale Elemente in diesem Gedankengang sind Begriffe wie *Selbstwert* und *Wert* als Person: Als ob es möglich wäre, den Wert einer Person zu messen. Schon allein die Zahl der möglichen Kriterien wäre bei einer solchen Wertermittlung unendlich groß. Allgemeine Aussagen über den eigenen Wert und den Wert anderer Menschen werden immer gehaltlos und somit sinnlos sein. Solche Aussagen könnten nur dann einen Sinn bekommen, wenn sie weniger allgemein wären und an ein bestimmtes Verhalten oder eine bestimmte Fähigkeit gekoppelt würden.

Das Denken von Regina R. aus dem obigen Beispiel würde demnach erst mit solchen Gedanken einen Sinn bekommen: „Vielleicht zeigt sich bei der Präsentation, dass ich bei der Marktuntersuchung von falschen Annahmen ausgegangen bin“ oder „Bis jetzt hat sich meist ergeben, dass ich keine große Rednerin bin.“ Eine solche Aussage kann sehr nahe an der Realität sein und zugleich motivieren, das eigene Verhalten zu optimieren.

Die übertrieben perfektionistische Denkart im Stile von: „Wenn ich Fehler mache, erweise ich mich als wertlos“ führt dazu, dass Menschen, die sich in einer Situation befinden, in der sie Leistung erbringen müssen, ständig damit beschäftigt sind, dass etwas schief gehen könnte. Sie bekommen dadurch eine fordernde Haltung: „Es darf absolut nichts schief gehen!“ Dass ein solches Denkmuster viel Spannung erzeugt und Energie kostet, liegt auf der Hand. Diese Art von Spannung bewirkt dann häufig auch noch, dass die zu erledigenden Aufgaben darunter leiden.

Angst vor bedrohlichen Ereignissen

Bei den Versagensängsten steht der mögliche Verlust des Selbstwerts im Mittelpunkt. Angstauslösende Gedanken können sich auch an schrecklichen, bedrohlichen Ereignissen, die eintreten könnten, festmachen. Herr S. grübelt über den möglichen Jobverlust im Zusammenhang mit den Umstrukturierungen an seinem Arbeitsplatz. Gedanken wie: „Das wäre sehr unangenehm für mich. Mal sehen, wie ich das verhindern kann“ sind realistische und konstruktive Gedanken, die zwar zu Sorge Anlass geben, aber auch wache Achtsamkeit bewirken. Sie verleihen Energie, die Herr S. für ein problemlösendes Verhalten nutzen könnte. Vielleicht sieht er Möglichkeiten klarzumachen, dass er weiterhin gebraucht wird oder er ruft einen Headhunter an, um zu sehen, welche Alternativen es für ihn gibt. Die Angst, die er empfindet, kommt hauptsächlich durch die Übertreibungen in seinem Denken. „Das ist das Schlimmste, was mir passieren kann“ oder „Das wäre eine Katastrophe für mich und meine Familie“ oder „Das wäre ja nicht auszuhalten.“ Diese Übertreibungen und die damit verbundene Irrationalität steckt hier in Begriffen wie: „das Schlimmste“, „eine Katastrophe“ und „nicht auszuhalten.“

Gerhard S. könnte in dieser Situation folgendes ABC aufstellen:
- A: Es könnte sein, dass ich entlassen werde.
- B: Das ist furchtbar. Es ist das Schlimmste, was mir passieren könnte.
- C: Ich fürchte mich zu Tode, ich bin angespannt, schlafe kaum noch und funktioniere nicht gut.

Für Gerhard S. ist es vermutlich akzeptabel, sich Sorgen zu machen, aber er möchte sicher nicht in Panik sein. Todesangst passt nicht hierher, eine gute Portion Besorgnis schon. Das Hinterfragen seiner irrationalen Gedanken (D) könnte ihm offenbaren, dass eine Entlassung in seinen Augen sein ganzes Leben so ziemlich auf den Kopf stellen würde. Aber selbst wenn es dazu käme, ist es unrealistisch zu denken, dass dann weder er noch seine Familie je wieder glücklich sein können. Nehmen wir einmal an, er würde keine andere Arbeitsstelle finden: Vielleicht gibt es innerhalb der Familie andere Möglichkeiten, ein Einkommen zu erzielen. Und auch, wenn das nicht gelingen sollte: Würde die Tatsache, dass die Familie von Sozialleistungen leben müsste – so unangenehm das sicherlich wäre – bedeuten, dass er und die anderen Familienmitglieder nie mehr glücklich sein könnten? Weiß er überhaupt sicher, dass er entlassen wird? Und wenn: Weiß er sicher, dass weder er noch seine Frau eine bezahlte Arbeitsstelle finden werden? Außerdem können sowohl er als auch die anderen Familienmitglieder sogar beim denkbar ungünstigsten Szenario ihr Leben immer noch inhaltlich sinnvoll gestalten. Für Gerhard S. könnten effektivere Gedanken folgendermaßen lauten: „Eine Menge Unsicherheit steht mir jetzt bevor, aber mit Panik kann ich gar nichts erreichen, wachsame Besorgnis ist sicher besser. Wenn mir gekündigt wird, ist das sicher nicht das, was ich mir wünsche, aber es nicht das Ende meines beziehungsweise unseres Glücks. Finanziell wird es nicht einfach sein und wir müssen unsere (materiellen) Wünsche vorläufig auf Eis legen. Dennoch ist es realistisch zu denken, dass es später wieder Möglichkeiten geben wird.“

Die Angst vor der Angst

Viele Angstprobleme entstehen durch Gedanken an eine mögliche Angstattacke. In Kapitel 16 werden wir noch auf die weiteren Probleme eingehen, die sich ergeben, wenn eine Emotion eine andere Emotion nach sich zieht. Bei der Angst vor der Angst geht es um Gedanken wie „So eine Angstattacke ist schrecklich und unerträglich.“ Viele phobische Beschwerden haben eine „Angst vor der Angst“-Komponente. Ein Mensch mit einer Straßenphobie hat keine Angst vor der Straße, sondern vor den unerträglichen Panikattacken, die ihn dort treffen könnten. Auch bei Ängsten vor geschlossenen Räumen, vor Aufzügen oder der Angst vor dem Fliegen, steht meist die Angst vor der „fürchterlichen, unerträglichen Panikattacke“ im Mittelpunkt. Daneben spielen auch Katastrophengedanken wie „Der Aufzug bleibt stecken und ich komme nicht mehr raus“ oder „Das Flugzeug wird abstürzen“ mit, aber diese Vorstellungen sind in der Regel weniger gewichtig als allgemein angenommen wird. Die Therapie kann darin bestehen, dass der Betroffene lernt, mithilfe von Atem- und Entspannungsübungen mit seiner Panik zurechtzukommen. Bewusst in die angstbesetzte Situation hineinzugehen ist vor allem, wenn man über Hilfsmittel verfügt, die man sich im Vorfeld angeeignet hat, der beste Weg, dieser Art von Ängsten zu begegnen. Es ist auch eine RET-typische Herangehensweise, die Klienten dazu zu animieren, gerade die angstbesetzten Situationen aufzusuchen und die entsprechende Realität, die vielleicht unangenehm und nervenaufreibend, aber nicht unerträglich ist, wahrzunehmen. So können sie lernen, mit ihren Vorstellungen in der Praxis zu üben anstatt Situationen aus dem Weg zu gehen und nur Fantasien zu entwickeln. Die Fantasie ist meistens weitaus schlimmer als die Wirklichkeit. Diese Art von Arbeitsaufträgen steht im Zusammenhang mit der Anwendung einer alten Weisheit, die man in Spruchkalendern oder dergleichen findet: „Der Mensch leidet am meisten durch das Leiden, das er fürchtet und das dann nicht eintritt.“

Todesängste

Zu den fundamentalsten Angstauslösern gehören Gedanken an den Tod, sowohl den eigenen als auch den Tod unserer Nächsten. Zum einen gibt es Gedanken über das Wie und Wann unseres Lebensendes, zum anderen beschäftigen sich diese Gedanken mit schrecklichen Vorstellungen in Bezug auf den Tod, wie zum Beispiel unerträgliche Schmerzen. In den Angstgedanken von Werner V. und Maria K.-S., die wir am Beginn dieses Kapitels vorgestellt haben, spielt dieses Thema eine wichtige Rolle. Herr V. hat Angst vor einer Krankheit, an der er, wie er meint, bald sterben werde. Maria K.-S. beschäftigt sich gedanklich viel mit der Möglichkeit, dass ihre Tochter durch einen Unfall sterben könnte. Es wäre nun nicht sehr realistisch, über den „Schweregrad“ dieser einzelnen Ereignisse zu diskutieren, denn es handelt sich in jedem Fall um schreckliche Vorfälle. Die irrationalen Elemente sind nicht nur darin zu sehen, dass bei der Einschätzung, wie wahrscheinlich es ist, dass das gefürchtete Ereignis eintrifft, übertrieben wird, sondern auch in der Forderung, dass es nicht geschehen darf. Oder dass es nicht zu diesem Zeitpunkt geschehen darf, weil man beispielsweise meint, man sei zu jung. Die Realität ist, dass wir sterblich sind und dass wir auf den Zeitpunkt unseres Todes oder des Todes unserer Nächsten nur sehr wenig Einfluss haben. Die Akzeptanz dieser Realität ist eine der schwierigsten Aufgaben im Leben eines Menschen. Seit Tausenden von Jahren wird nach einer Lösung für dieses Problem gesucht. Man könnte sagen, dass Religionen mit Auffassungen über ein Jenseits oder über Reinkarnation als Trost für den Umgang mit dieser schwierigen Wirklichkeit entstanden sind. Im Gegensatz zur Angst vor schrecklichen Ereignissen oder der Angst vor der Angst gibt es so gut wie keine Übungsmöglichkeiten für einen besseren Umgang mit dem Tod. Der Kontakt zu Menschen mit einer unheilbaren, terminalen Krankheit oder das Miterleben eines Sterbensprozesses gehen noch am ehesten in diese Richtung. Wer den Tod als natürlichen Prozess begreift, lernt die Tatsache der eigenen Sterblichkeit eher zu akzeptieren, als jemand, der jegliche Konfrontation mit dem Tod vermeidet.

Sind Ängste nützlich?

In einer milden Ausprägung sind Unsicherheit und Sorgen wegen eventueller Gefahren wichtig für unser Überleben. Ein Gefühl der Unsicherheit oder persönliche Zweifel, ob man dieses oder jenes auch wirklich kann, führen dazu, dass man sich angemessen auf Aufgaben vorbereitet. Sich mit Gefahren auseinanderzusetzen kann bedeuten, dass man der Situation entsprechend vorsorgt. Wenn man einen Wohnungsbrand finanziell nicht schultern kann, wird man eine entsprechende Versicherung abschließen und damit einen angemessenen Umgang mit seinen Sorgen und bestimmten Risiken zeigen. Angst ist das Signal für Gefahren. Sie weist aber nicht nur auf eine Gefahr hin, sondern verleiht auch die Energie, die es braucht, um die Gefahr abzuwenden oder vor ihr zu fliehen.

Vermeidungshaltung durchbrechen

Ängstliche Menschen fantasieren gern über alle möglichen Gefahrensszenarien, ohne die Wirklichkeit diesbezüglich näher zu überprüfen. Beispiel: „Würde ich meine Ideen hier öffentlich machen, würde ich bestimmt ausgelacht werden, das könnte ich nicht ertragen." Solche angstauslösenden Gedanken, die in sozialen Situationen häufig vorkommen, können bewirken, dass man die Situation umgeht, indem man den Mund hält. Kurzfristig bringt die Vermeidung Erleichterung, doch auf lange Sicht ist dieses Verhalten nachteilig. Da das Risiko, ausgelacht zu werden oder Widerspruch zu bekommen, vermieden wird, macht man eben auch nicht die Erfahrung, dass man in Wirklichkeit mit solchen Reaktionen durchaus zurechtkommt. Die Gefahrenfantasien und die Angst werden aufrechterhalten. Sich der gefürchteten Situation zu stellen, ist immer noch das beste Mittel zur Bekämpfung der Angst. Flugangst kann man beispielsweise nur dadurch bekämpfen, dass man in ein Flugzeug steigt und erlebt, wie die Angst schwindet. Die Konfrontation kann schrittweise erfolgen, beispielsweise indem man sich zunächst nur ein Video über das Fliegen ansieht, dann eine Flugsimulation erlebt und dann einen kurzen Flug. Diese Methode wird in der Verhaltenstherapie *systematische Desensibilisierung* genannt. Eine andere, radikalere Methode ist das sogenannte *Flooding* (Reizüberflutung), bei dem eine Konfrontation mit dem Angstauslöser in seiner höchsten Intensität erfolgt. Bei Flugangst könnte das zum Beispiel bedeuten, dass der Betroffene eine Flugreise nach Australien mit möglichst vielen Zwischenstopps macht. RET-Therapeuten haben oft eine gewisse Vorliebe für Flooding-Methoden. Es wird eine Erfahrung installiert, die unmittelbar deutlich macht, dass man sogar sehr schwierige Dinge aushalten kann und dass die Angst nachlässt, wenn man der belastenden Situation nicht ausweicht. Bei der schrittweisen Konfrontation dagegen bleibt noch eine Weile die Vorstellung erhalten, dass man die schwierigere Situation vielleicht doch noch nicht ertragen kann. Welchen Weg man auch wählt, hier hat man die Gelegenheit, die bisherige Denkweise einem Praxistest zu unterziehen, indem man die Konfrontation zulässt. Dabei ist die Realität so gut wie immer weniger schlimm als die Fantasie.

Die hier besprochenen Ängste beziehen sich auf Situationen, denen man buchstäblich aus dem Weg geht. Dasselbe gilt aber auch für Ängste, die sich mehr in der Fantasie abspielen. Anstatt zu denken: „Es ist schrecklich, wenn ich meine Arbeit verliere“ ist es vernünftig, sich zu fragen: „Wie schlimm ist es wirklich, wenn ich meine Arbeit verliere? Inwieweit wird sich das auf mein persönliches Glück auswirken? Wie wird mein Leben aussehen, wenn ich keine Arbeit mehr habe?“

Diese Fragen können dabei helfen, die Realität etwas genauer in Augenschein zu nehmen. Wenn Sie, beispielsweise, schon lange mit der Angst leben, Sie könnten Ihren Partner bzw. Ihre Partnerin verlieren, hat es Sinn, an dieser Angst dahingehend zu arbeiten, dass Sie sich ausmalen, wie das konkret wäre, was Sie mit Ihrem Leben dann anfangen könnten, anstatt immer wieder über dieses „Schreckliche und Unerträgliche“ nachzudenken und den Gedanken dann weit von sich zu schieben.

Die Konfrontation mit der Realität und das Durchbrechen der Vermeidungshaltung sind typische RET-Strategien zur Überwindung von irrealen Ängsten.

Daneben nimmt natürlich das Hinterfragen der Übertreibungen und Übergeneralisierungen im Denken einen zentralen Platz in der Methode ein. „Was meint unerträglich genau? Werde ich daran sterben? Muss ich mit einem nicht wieder gutzumachenden Schaden rechnen? Ist das wirklich das Allerschlimmste? Was könnte noch schlimmer sein?“

8 Kummer, Trübsinn, Schuld

Hans B.

Hans B. arbeitet seit etwa zehn Jahren als Bilanzbuchhalter bei einem Steuerberater. Dort gilt die Regelung, dass Mitarbeiter nach einigen Jahren Partner, also Miteigentümer, werden können. Vor einigen Monaten hat Herr B. wissen lassen, sich für diese Option zu interessieren. Vor kurzem hat man ihm nun mitgeteilt, dass er dafür nicht in Betracht gezogen würde. Dabei sind letztes Jahr zwei Kollegen, die jünger sind als er, Partner der Kanzlei geworden. Herr B. fühlt sich nach dieser Nachricht einige Tage lang verärgert und verletzt. Jetzt ist er niedergeschlagen, trübsinnig, hat zu nichts mehr Lust, besitzt kaum Energie, leidet unter Schlafstörungen und zieht sich zu Hause immer mehr zurück. Er fühlt sich als Versager und ihm wird bewusst, dass er – auch im Hinblick auf sein Alter – keine höhere Position als die, die er jetzt innehat, erreichen wird. Er ist und bleibt „Mitarbeiter" in einer Steuerberaterkanzlei. Er meint, dass das Leben ihm jetzt eigentlich nicht mehr viel zu bieten hat.

Gerda V.

Nach dem plötzlichen Tod ihres Ehemannes war Gerda V. mehrere Monate lang nicht in der Arbeit. Sie ist Teamleiterin bei einer Telefongesellschaft. In Gesprächen mit dem Betriebsarzt wurde nun vereinbart, dass sie zunächst in Teilzeit und unter therapeutischer Begleitung wieder mit dem Arbeiten anfangen wird. Sie fühlt sich niedergeschlagen, hat in den letzten Monaten zehn Kilo abgenommen und hat generell zu nichts Lust. Nach ein paar Stunden in der Arbeit ist sie todmüde. Frau V. hat zwei Töchter, die schon vor ein paar Jahren ausgezogen sind. Wenn sie keine Kinder hätte, so ihre momentane Gefühlslage, würde ihr das Leben nichts mehr bedeuten. Der Kontakt zu ihren Töchtern ist das einzige, was ihr noch etwas gibt und sie davon abhält, ihrem Leben ein Ende zu setzen. Der Betriebsarzt rät ihr, sich in den nächsten Tagen bei ihrem Hausarzt zu melden und mit ihm über eine medikamentöse Behandlung ihrer Depression zu reden.

Erich H.

Nach umfangreichen Umstrukturierungsmaßnahmen und vielen Entlassungen fällt es Erich H. schwer, wieder in die Arbeit zu gehen. Seine Stimmung ist trübe und er hat – nach all den Ränkespielen – sein Vertrauen in die Kollegen verloren. Es ist viel passiert: Kollegen wurden nach Verleumdungskampagnen weggeekelt, ganze Teams wurden aufgelöst, weil sie zufällig keinen Vertreter in der Kommission sitzen hatten, die die Empfehlungen zu allen Veränderungen und Schrumpfungsmaßnahmen erarbeitet hat. Es galt: Jeder für sich und Gott für alle.

Werner W.

Werner W. ist Chirurg. Letzte Woche ist einer seiner Patienten, ein junger Mann, während einer Magenoperation an einem Herzstillstand verstorben. Er fühlt sich schuldig am Tod dieses Patienten. Er meint, er hätte im Vorfeld noch mehr Untersuchungen machen müssen, denn dieser Patient hatte einen Herzfehler, der aber bei den Voruntersuchungen nicht entdeckt worden war. Seine Kollegen sind der Meinung, dass er alles Notwendige getan hat und ihn keine Schuld trifft. Manche vorhandenen Störungen entdeckt man eben nicht rechtzeitig, so die Kollegen. Doch Herr W. gibt sich weiterhin die Schuld am Tod des jungen Mannes und grübelt täglich über den Fall nach. In den ersten Tagen zeigte seine Freundin Verständnis und versuchte behutsam, ihm die Schuldgefühle auszureden. Mittlerweile kann sie nicht mehr nachvollziehen, warum er so still und zurückgezogen ist.

Die zugrunde liegenden Gedanken

Depressivität und ihre mildere Variante, die Niedergeschlagenheit, werden durch negative Gedanken über uns selbst, über andere und über die Welt an sich verursacht. Bei der Depressivität schwingt häufig das Empfinden einer gewissen Aussichtslosigkeit mit. „Das wird nie wieder gut.“ Oft ist ein Mensch nach – beispielsweise – einer Verlusterfahrung in einer Denkweise oder einer gewissen Stimmung gefangen, wie auch aus den obigen Beispielen heraus zu lesen ist. Herr B sieht für sich keine Möglichkeiten in der Zukunft und möglicherweise beschäftigt ihn auch sein Älterwerden, da er von allen Seiten von jüngeren Menschen „überholt“ wird. Gerda V. hat ihren Partner verloren und versinkt in Grübeleien über die Sinnlosigkeit des Lebens und die Frage, was ihr jetzt noch bleibt. Erich H. hat das Vertrauen zu seinen Kollegen verloren und zieht den Schluss, dass die Menschen nun einmal schlecht und egozentrisch sind.

Schuldgefühle haben auch etwas mit Selbstverurteilung zu tun, wobei die Verurteilung aus moralischen Gründen vorgenommen wird. „Da ich dieses oder jenes gemacht habe, bin ich ein schlechter Mensch." Werner W., der Chirurg, meint, er sei nicht sorgfältig genug gewesen und gibt sich die Schuld am Tod seines jungen Patienten. Er verurteilt sich selbst wegen mangelnder Sorgfalt. In seinen Gedanken hat er die moralische Grenze überschritten, nach der alles Menschenmögliche getan werden muss, um den Tod eines Mitmenschen zu verhindern. Die Selbstverurteilung kann also nach einer Handlung oder einer Unterlassung in Bezug auf andere erfolgen. Sie kann aber auch in Erscheinung treten in Bezug auf etwas, das mit dem jeweiligen Menschen selbst zu tun hat, wie: „Jetzt rauche ich immer noch, obwohl ich doch so kurzatmig bin" oder „Ich empfinde mich als schlecht, weil ich meinem Mann gegenüber misstrauisch bin."

Normaler Kummer und Depressivität

Es ist wichtig, zwischen den verschiedenen Reaktionen auf einen schwerwiegenden Verlust zu unterscheiden. Wo ist die Grenze zwischen einer normalen, angemessenen Reaktion und einer nicht angemessenen, destruktiven Reaktion? Es spricht für sich, dass Trauer und Schock als Reaktion auf den Tod eines nahen Menschen normal und auch funktional sind. Bei Kummer und Trauer ziehen die Menschen sich zurück, sie trauern um den erlittenen Verlust und versuchen, mit der neuen Situation zurechtzukommen, was ihnen – vor allem am Anfang – aussichtslos erscheint. Man tritt mehr oder weniger auf der Stelle und muss sich erst einmal auf die neue Situation besinnen. Wir sprechen erst dann von Depressivität, wenn Betroffene in dem traurig gestimmten Rückzug hängen bleiben und nur noch allgemein negative Vorstellungen haben, wie: „Ohne X bin ich nichts mehr, ... hat mir das Leben nichts mehr zu bieten. Ich werde nie darüber hinweg kommen" usw. Diese einseitig negativen und allgemeinen Aussagen sind die Übertreibungen, die das depressive Denken irrational machen. Zusätzlich spielen hier „sich selbst erfüllende Prophezeiungen" eine Rolle. Antriebslosigkeit und Lustlosigkeit sind typische Anzeichen einer Depression. Beides führt zu Inaktivität und zu einer Situation, in der das Leben tatsächlich nicht mehr viel zu bieten hat. Betroffene unternehmen oft nichts mehr, das ihnen Freude und Genugtuung schenken könnte. Sie erleben nichts Positives oder Interessantes mehr. Jetzt kann noch erschwerend hinzukommen, dass man von seiner Umgebung im Stich gelassen wird. Immer nur traurige Geschichten anzuhören, ist für die meisten Menschen nicht attraktiv und es vermittelt ihnen ein Gefühl der Ohnmacht. Vereinsamung und Inaktivität machen die Situation noch schlimmer. So entstehen Fakten, die das depressive Denken bestätigen. Besonders problematisch ist, dass es mit der Zeit immer schwieriger wird, dieses Muster zu durchbrechen. Wer antriebsschwach ist, kann sich für Aktivitäten nicht gut motivieren. Man müsste erst in die Aktivität gehen, um wieder Energie zu gewinnen und sich durch die neu gewonnenen Erfahrungen besser zu fühlen. Eine bekannte Aussage für diese Situation lautet: Die Motivation erfolgt nach der Aktivität. Dieser Teufelskreis muss also erst durchbrochen werden. Das Umfeld kann hierbei eine wichtige Rolle spielen, indem es den Betroffenen mit klaren Forderungen konfrontiert: „Wir akzeptieren es nicht länger, dass du nur noch zu Hause herumsitzt." In der therapeutischen Behandlung wird oft vereinbart, dass der Klient Dinge unternehmen muss, als Voraussetzung für die Behandlung. Sogar Medikamente können vorübergehend dabei helfen, den Teufelskreis zu durchbrechen.

Was tun bei depressiven Gedanken?

Wenn keine behandlungsbedürftige Depression vorliegt, die in ärztliche oder psychotherapeutische Hände gehören würde, hat jeder Betroffene selbst verschiedene Möglichkeiten, seine Stimmung zu beeinflussen. Ein wichtiges Hilfsmittel ist auch hier wieder das Hinterfragen und Korrigieren der Übertreibungen und Übergeneralisierungen im eigenen Denken. „Stimmt das wirklich, dass ich nichts kann? Wie komme ich dazu, zu denken, dass ich nichts darstelle? Ist es tatsächlich richtig, dass mir das Leben wenig oder nichts mehr zu bieten hat? Ist es richtig, dass andere nur schlecht sind?" Als Hilfsmittel im Kampf gegen derart globale Vorstellungen bietet sich immer wieder das Konkretisieren der Fakten an. Dafür könnten Sie zum Beispiel jeden Tag in einem Notizbuch auf einer Seite die Aktivitäten aufschreiben, die Sie unzufrieden haben sein lassen und auf der anderen Seite die Aktivitäten, die Sie freudig gestimmt haben. Sinn dieser Übung ist, Ihnen ein nuancenreicheres Bild darüber zu ermöglichen, wie Sie selbst die Dinge einschätzen, die Sie können oder nicht können, beziehungsweise die Sie genießen oder nicht genießen können. Das wäre jedenfalls deutlich realistischer als sich weiterhin auf völlig allgemeine, negative Urteile zu berufen. Vielleicht liefert diese Vorgehensweise auch Ideen und Anreize, Dinge oder Orte, an denen Sie Freude hatten, öfter aufzusuchen. Oder Sie entdecken dadurch Fähigkeiten bei sich, die Sie weiter entwickeln möchten, um Ihre Zufriedenheit zu steigern.

Bei Schuldgefühlen ist es ein hilfreiches Instrument (Neenan & Dryden, 2002), eine realistische Einschätzung der persönlichen Verantwortung für ein Ereignis, für das man sich schuldig fühlt, vorzunehmen. Machen Sie eine Liste mit den Namen aller Personen, die an der Sache beteiligt waren und ordnen Sie jedem Beteiligten einen prozentualen Anteil zu, inklusive Ihnen selbst. Schuldgefühle stammen oft daher, dass man sich selbst zu Unrecht die gesamte Schuld gibt. Schauen wir auf das Beispiel von Werner W., dem Chirurgen, am Anfang dieses Kapitels. Würde er eine solche Analyse machen, könnte er eventuell auf die folgende Verteilung der Verantwortung kommen:

1. Der Internist, der den Patienten überwiesen hat, hat zwar ein ausführliches medizinisches Dossier mitgeschickt, aber darin war von einem Herzfehler nicht die Rede. 33 % Verantwortung.
2. Der Anästhesist hat den Patienten untersucht und dabei auch ein Elektrokardiogramm (EKG) erstellen lassen. Es wurde kein Herzfehler entdeckt. 33 % Verantwortung.
3. Ich selbst hätte den Patienten vielleicht erneut ausführlich untersuchen sollen. Bei dem Herzstillstand während der Operation habe ich alles getan, was in dem Moment technisch möglich war, um das Herz zu reanimieren. 33 % Verantwortung.

Die Schlussfolgerung in dieser Situation wäre also, dass Werner W. eine Mitschuld und nicht die Alleinschuld am Tod des Patienten trägt, auch, wenn man davon ausgeht, dass seine Untersuchungen Sorgfaltsmängel aufweisen. Weiter könnte man sich fragen, ob es eine logische Konsequenz ist, ihn als schlechten Menschen zu betrachten, weil er eine Teilschuld an einem Fehler hat, der passiert ist. Wir können höchstens feststellen, dass Herr W. einen Fehler gemacht hat. Diesen Fehler bereut er zutiefst und er wird alles dafür tun, dass das nicht wieder vorkommt, ohne dass er sich nun verurteilen muss. In diesem Fall sind in Bezug auf die Verantwortung auch noch weitere Fragen offen. Das haben seine Kollegen während der Nachbesprechung ja auch angedeutet: Ist es überhaupt möglich einen Herzstillstand vorherzusehen?

9 Freude

Die wenigsten Menschen dürften die Emotion Freude mit etwas Problematischem oder Negativem, das man möglichst vermeiden sollte, in Verbindung bringen. Es stimmt ja auch, dass wir vor allem unter Emotionen wie Zorn, Trauer oder Angst zu leiden haben. Doch kann es auch vorkommen, dass sich jemand auf unproduktive Weise freut.

Peter K.

Peter K. ist ein fröhlicher Machertyp. Spaß haben ist für ihn das Wichtigste im Leben, denn, so seine Devise, man lebt schließlich nur einmal. Er macht sich keinen Kopf um dies oder das und lässt sich davon leiten, worauf er Lust hat. Er gibt sich immer gutgelaunt und wenn Probleme auftauchen, zuckt er nur mit den Schultern und lässt sich auf nichts weiter ein. Peter K. hat mit Menschen, die überall Schwierigkeiten sehen und Probleme wälzen, nicht viel am Hut. Er möchte sein Leben genießen. Wenn es irgendwo ein Fest gibt, ist er mit von der Partie, und er bleibt dann gern so lange, wie es lustig ist und wie es etwas zu trinken gibt. Falls die Party sehr lange dauert, kommt er am nächsten Tag eben etwas später zur Arbeit: Der Chef wird schon einmal warten können.

Weniger angenehm ist, dass dieser Chef in letzter Zeit gar nicht so entspannt reagiert. Er stellt Herrn K. immer öfter wegen dessen lockerer Arbeitseinstellung zur Rede und beim letzten Beurteilungsgespräch hat er das Funktionieren von Peter K. deutlich kritisiert. Aber, gut, Beförderung verpasst, Pech gehabt.

Unlängst hat der Chef herumgemäkelt, weil Peter K. – ohne Bescheid zu sagen – einen wichtigen Kunden versetzt hat. Peter K. konnte das nicht verstehen. Es kommen doch immer wieder neue Kunden. … Er hat sich das Ganze dann schnell aus dem Kopf geschlagen; schließlich will er sich nicht die gute Laune verderben lassen.

Georg R.

Georg R. war bei einer Organisation tätig, in der es aufgrund von betrieblichen Umstrukturierungen zu Kündigungen kam. Das Management hatte Georg R. nahe gelegt, selbst zu kündigen und nicht abzuwarten, bis man ihm kündigen würde. Er konnte diesem Vorschlag durchaus etwas abgewinnen und hat selbst seine Kündigung eingereicht. Ein Freund sagte ihm später, dass das nicht sehr klug war, weil er dadurch finanzielle Nachteile haben würde. Herr R. verfolgte die Sache gedanklich nicht weiter, er will nicht gern Probleme verursachen. Außerdem haben die in der Organisation es bestimmt gut gemeint: Das Fest zum Abschied war auf jeden Fall sehr herzlich und die Menschen, die ihn vorher nicht beachtet hatten, zeigten sich nun sehr jovial. Neun Monate Arbeitslosigkeit waren nun auch wieder nicht so schlimm. Man kann natürlich trübsinnig werden und jammern, aber wer will das schon hören? Georg R. unternimmt an sich wenig, um eine neue Stelle zu finden; er ist bei der Agentur für Arbeit gemeldet und da wird sich sicher etwas ergeben. Immer hat er eine Antwort auf eine Bewerbung noch ausstehen und wenn er nach ein paar Wochen schriftlich oder nach einem Gespräch eine Absage bekommt, dann schreibt er wieder eine neue Bewerbung. Ab und zu überkommt ihn ein sorgenvolles, unbehagliches Gefühl, dann redet er sich selbst gut zu, dass es schon irgendwie klappen wird und dass er ja sowieso nicht mehr tun kann.

Um über die Runden zu kommen, musste er bei der Bank gegen hohe Zinsen einen Kredit aufnehmen, aber, ach, Geld ist auch nicht alles und solange man die Dinge positiv sieht, wird sich schon alles regeln.

Peter K. und Georg R. sind beide positiver gestimmt, als gut für sie ist. Sie denken zu positiv anstelle von realistisch. Freude und ein optimistischer Lebensstil sind natürlich kein Anlass, sich Sorgen zu machen. Aber es besteht die Gefahr, dass man über das Ziel hinausschießt und euphorisch und unbekümmert wird und kein Platz für funktionale und warnende Emotionen wie Sorge oder Zweifel bleibt.

Übermäßige Fröhlichkeit kann aus den irrationalen Gedanken heraus erwachsen, dass die Welt immer gut ist, dass andere Menschen nur das Beste mit uns vorhaben, dass am Ende doch immer alles gut wird und dass nichts wirklich schlimm ist. Dahinter verbergen sich ähnlich unrealistische Forderungen und Erwartungen. Peter K.s Forderung ist, dass das Leben so schön wie möglich zu sein hat. Georg R. stellt eine ähnliche Forderung: Die Welt *muss* ein Ort sein, an dem es alle Menschen nur gut mit ihm meinen. Die Forderung an sich selbst lautet bei Georg R., dass er nicht klagen und keine Probleme machen *darf*. Bei ihm ist anzunehmen, dass er im Grunde genommen Angst vor der Zurückweisung durch seine Umgebung hat. Peter K. kann möglicherweise seine eigene Wut noch zu spüren bekommen, wenn er erkennt, dass die Welt nicht so gestrickt ist, wie er das erwartet. Diese beiden Männer aus unseren

Fallbeispielen können ihre Forderungen zurücknehmen, sobald sie sich diese einmal bewusst gemacht haben. Sie dürften aber nicht so schnell auf die Idee kommen, an der Veränderung ihrer Reaktionsmuster zu arbeiten, weil ihnen noch gar nicht bewusst geworden ist, wie unproduktiv ihre Zufriedenheit ist. Der erste Schritt, der weiterhelfen könnte, wäre, einzusehen, dass die fröhlich-freudige Emotion kein guter Ratgeber ist, um mit der Situation, in der sie sich befinden, konstruktiv umzugehen. Als nächstes könnten sie dann erarbeiten, welche Emotion in der Situation angemessener wäre. Georg R. könnte, wenn er an seine Arbeitslosigkeit denkt, überlegen, inwieweit ihm seine Emotion dabei hilft, aktiv zu werden. Vielleicht würde es ihm helfen, sich gedanklich vorzustellen, dass es um einen anderen Menschen geht und er „von außen" auf die Thematik schaut. Welchen Rat würde er seinem Sohn geben, wenn dieser arbeitslos wäre? Könnte das Gefühl der Schicksalsergebenheit und der Zufriedenheit seinem Sohn weiterhelfen? Welche Gefühle haben die Menschen meistens, wenn sie keine Arbeit haben?

Ein interner Dialog kann ihn zu der Einsicht bringen, dass er die Dinge zu positiv einschätzt. Ein nächster, dritter Schritt wäre dann, die eigenen Interpretationen der Wirklichkeit einmal kritisch unter die Lupe zu nehmen. Ist das wirklich so, dass immer alles gut wird? Wie logisch ist es, zu glauben, dass einem ein neuer Job in den Schoß geworfen wird, obwohl man kaum etwas dafür tut?

Das positive Denken sorgt vielleicht vorübergehend für einen ruhigen Schlaf, aber mit der Realität hat das wenig zu tun. Wer realistische Emotionen als Ratgeber nicht ernst nimmt und lieber alles nur positiv betrachtet, begibt sich in die Gefahr, den Kontakt zur Wirklichkeit zu verlieren.

Der interne Dialog, der bei Georg R. abläuft, wenn er über den Verlust seines Arbeitsplatzes nachdenkt:

Georg R.: Mein eigentliches Problem ist, dass ich mir kaum je Sorgen mache. Wenn etwas passiert, worüber andere sagen, es sei fürchterlich, empfinde ich das meistens gar nicht als so schlimm.

Dialog: Wie könnten diese anderen Menschen sich fühlen?

Georg R.: Ich denke, dass sie etwas besorgt sind oder vielleicht auch verärgert.

Dialog: Warum?

Georg R.: Na ja, vielleicht denken sie sich: Finde ich je wieder einen Arbeitsplatz? Oder: Komme ich nach meiner Entlassung finanziell über die Runden?

Dialog: Welche Auswirkung hat diese Situation auf das Verhalten anderer Menschen?

Georg R.: Nun, sie werden wohl grübeln und schlecht schlafen ... Aber das ist genau das, worunter ich überhaupt nicht leide! Auch möglich wäre, dass sie etwas unternehmen, um ihre Situation zu verändern.

Dialog: Welches Gefühl würde ich mir für meinen Sohn wünschen, wenn ihm dasselbe passieren würde? Ist Gelassenheit hier passend?

Georg R.: Tja, ich würde nicht wollen, dass er schlaflose Nächte hat, aber Gelassenheit ... Wenn er seinen Job verliert, muss er schon aktiv werden!

Dialog: Ist Gelassenheit die Emotion, die ihm dabei hilft, aktiv zu werden?

Georg R.: Eh, ...

Die Antwort auf die letzte Frage lautet natürlich: Nein. Georg R.s allzu große Gelassenheit entspringt seinem Denken, dass sich von selbst irgendetwas ergeben wird, was ihn aus der Arbeitslosigkeit herausholt. Leider trifft so etwas meistens nicht zu. Solange Jobs nicht einfach so angeflogen kommen, ist es realistischer, sich Sorgen zu machen und sich aufgrund dieser Sorgen intensiver um eine Arbeitsstelle zu bemühen. Für Herrn R. wäre es somit hilfreicher, wenn er mehr in diese Richtung denken würde: „Ich vergrößere meine Aussichten auf eine neue Stelle, wenn ich mehr Bewerbungen schreibe. Nichts zu tun hilft mir auf keinen Fall weiter."

„Aber jetzt weiß ich ganz sicher, dass ich das große Glück gefunden habe!"

Sandra Y.

Sandra Y. lebt und erlebt ihr privates und berufliches Leben sehr intensiv und voller Hingabe. Ihr Leben kennt viele Höhen und Tiefen, sie erzählt über die Tiefen aber immer erst dann, wenn sie wieder in einem Hoch ist. Strahlend berichtet sie dann über die schwierige Phase, die hinter ihr liegt, und wie froh sie darüber ist, dieses eine Buch gelesen zu haben oder den einen Kurs besucht zu haben, denn nun weiß sie endlich, wie sie die Dinge angehen muss. Sie musste vor ihrem 30. Lebensjahr zwar schon zweimal mit einem eigenen Unternehmen Konkurs anmelden, aber das war, bevor sie ihre neue Lebensphilosophie entdeckt hat: „Man muss einfach nur auf sich selbst vertrauen." Diese Einsicht hat Sandra Y. sich nun zu eigen gemacht und will nun den Markt mit einem neuen Unternehmen erobern. Mit ihrer neuen Einstellung, mit der sie sich so gut fühlt, kann sie schließlich nur Erfolg haben! Zur Stärkung ihres neuen Selbstvertrauens belegt sie einen Kurs „östliche Körperarbeit" und sie geht zu einem neuen Psychotherapeuten, der eine ganz andere Arbeitsweise hat als der vorherige.

Markus P.

Markus P. hat zwei Ehen und mehrere Beziehungen von unterschiedlicher Dauer hinter sich. Am Ende konnten die Beziehungen nie seinen Erwartungen standhalten. Aber jetzt hat er endlich die ideale Frau, nach der er stets gesucht hat, gefunden. Es gibt nichts an ihr, das nicht perfekt wäre: Sie hat nur gute Eigenschaften, versteht ihn vollkommen und ist in jeder Hinsicht die ideale Partnerin. Sie kennen einander erst seit fünf Wochen, aber er hat sie schon gefragt, ob sie ihn heiraten möchte. Er wüsste auch nicht, wie er ihr nach vielen gemeinsam verbrachten Tagen, stundenlangen Telefongesprächen, sieben Liebesgedichten und täglichen Blumensträußen noch deutlicher sagen könnte, dass er sie liebt. Außerdem ist er sich so sicher, dass Verzögerung keine Option ist.

Wolf im Schafspelz

Die irrationale Freude, wie sie in den obigen Beispielen zum Ausdruck kommt, ist ein Wolf im Schafspelz: Sie wirkt so niedlich, ist aber nicht harmlos. Sicher könnten manche Menschen von diesen Optimisten einiges lernen und man darf annehmen, dass Leute wie Peter K. und Georg R., die nicht so schnell aus der Ruhe zu bringen sind, kaum jemals Herzbeschwerden bekommen werden. Ebenso ist die neue Philosophie von Sandra Y. (vertraue auf dich selbst) an sich sehr nützlich, und dass Markus P. verliebt ist, ist selbstverständlich wunderbar …

Nur, wenn übermäßiger Optimismus zum stets wiederkehrenden Muster wird und nicht mehr mit der Wirklichkeit übereinstimmt, wirft der Wolf seinen Schafspelz ab und zeigt seine wahre Wesensart. Die Realität gibt nicht immer Anlass zur Freude.

Sandra Y. glaubt, es sei realistisch, zu erwarten, dass Erfolg und Glück von selbst zu ihr kommen, wenn sie nur die richtige Einstellung hat. Die Realitäten am Markt sind aber völlig andere. Die Kunden werden nicht kommen, weil sie wissen oder spüren, dass die Unternehmerin einen Kurs in östlicher Körperarbeit absolviert oder sehr viel Vertrauen zu sich selbst hat. Ihre neue Einstellung mag eine positive Wirkung auf die Welt um sie herum haben, aber die Erwartung, dass sie dadurch als Unternehmerin den Durchbruch schaffen wird, hat nichts mit der Realität zu tun und wird ihr nicht dabei helfen, ihr Ziel zu erreichen. Es wäre wesentlich vernünftiger, wenn Sandra Y. sich die Fakten anschauen würde. Wie kann sie sich so sicher sein, dass es dieses Mal klappen wird, nach all den Rückschlägen, die sie erlebt hat? Wie logisch ist es, dass sie nach zwei Insolvenzen nun mit einem neuen Unternehmen erfolgreich sein wird mit nichts weiter als Selbstvertrauen im Gepäck?

Eine rationalere Denkweise könnte ihr dabei helfen, sich einerseits ihren Enthusiasmus und ihr Selbstvertrauen zu erhalten und andererseits ihre Aussichten auf Erfolg tatsächlich zu stärken. Sie könnte sich folgende Sätze sagen:

> *„Viele philosophische Richtungen, Kurse, Bücher und Weisheiten haben positive Elemente in sich, aber sie allein können keine Garantie für Glück und Erfolg sein. Selbstvertrauen ist sehr nützlich, wenn man ein eigenes Unternehmen gründen möchte, zumindest wenn das Selbstvertrauen berechtigt ist und nicht nur dazu dient, die Stimmung zu heben. Es reicht nicht aus, die richtige Einstellung zu haben, um ein Unternehmen erfolgreich zu führen. Es ist wahrscheinlich klüger, mir die ganze Sache erst noch einmal gründlich durch den Kopf gehen zu lassen, bevor ich mich in ein neues Abenteuer stürze.“*

Markus P. ist sich dieses Mal sicher: Seine neue Freundin ist seine Traumfrau. Das Problem ist nur, dass er das bei seinen früheren Ehen und Beziehungen auch immer dachte. Sein Gefühl sagt ihm: „Aber dieses Mal ist es wirklich echt!“ Es stellt sich allerdings die Frage, ob sein

Gefühl bisher für ihn ein guter Ratgeber in Beziehungsangelegenheiten war. Gibt es das überhaupt, die ideale Frau? Sieht sich seine Freundin selbst als Traumfrau für ihn? Ist sie glücklich mit seiner riesengroßen Erwartung an die Beziehung? Wie kann man Erwartung überhaupt messen? Was heißt eigentlich ideal, was heißt perfekt?

Niemand – auch wir nicht – möchte, dass Markus P. seine Verliebtheit kleinredet, relativiert oder leugnet. Aber er täte gut daran, einen realistischen Blick auf den Zusammenhang zwischen seinen Erwartungen und der Realität zu werfen. Es gibt nicht die ideale Beziehung, genauso wenig wie es hundertprozentige Perfektion geben kann. Markus P. war in der Vergangenheit immer sehr optimistisch in seiner Annahme, die perfekte Frau gefunden zu haben, und das hat vermutlich etwas mit seinen hohen Erwartungen zu tun. Sicher gibt es Frauen, mit denen er sehr wahrscheinlich glücklich leben könnte, er muss aber verstehen, dass kein Mensch nur gute Eigenschaften besitzt. Er kann sicherlich eine Frau kennenlernen, die ihn sehr oft gut versteht, aber die Wahrscheinlichkeit, dass jemand ihn *immer vollkommen* versteht, ist gleich null. Möglicherweise ist seine neue Freundin die Frau, mit der er glücklich wird, aber es ist genauso gut möglich, dass sie das nicht ist. Natürlich ist nichts dagegen einzuwenden, wenn jemand sich freut und genießt, aber muss er so überstürzt an die Sache herangehen? In Anbetracht seiner früheren Erfahrungen sollte er mit dem Heiraten noch etwas warten, bis die tägliche Realität sich deutlicher hinter der rosaroten Wolke seiner Verliebtheit abzeichnet.

C Irrationale Gedanken

Was allen irrationalen Gedanken gemein ist

In Kapitel 3 haben wir gesehen, dass irrationale Gedanken Gemeinsamkeiten bezüglich der Form haben: Es ist von „müssen" die Rede, Wünsche werden zu Forderungen umgewandelt und einiges mehr. Eine weitere, auffallende Gemeinsamkeit ist, dass das Irrationale oft dadurch in Erscheinung tritt, dass jemand seinen Platz in der Welt überschätzt. Beispiele: Der Lovejunkie, der so sehr darauf bedacht ist, immer liebenswürdig zu anderen zu sein, unterstellt, dass alle Menschen in seiner Umgebung ihn nach seiner Freundlichkeit beurteilen. In Wirklichkeit sind die Leute keineswegs darauf fokussiert, vielleicht noch nicht einmal daran interessiert, festzustellen, wie nett und liebenswürdig er zu ihnen ist. Für diese Menschen sind vermutlich andere Dinge wichtiger als die Bewertung der Freundlichkeit eines einzelnen Mitmenschen. Auch der Perfektionist hat das Problem der Selbstüberschätzung, wenn er meint, dass für ihn etwas anderes gelten würde als für seine Mitmenschen: Nur er müsse in allem Perfektion zeigen, alle anderen dürften Fehler machen. Und, wer mit einer niedrigen Frustrationstoleranz zu kämpfen hat, meint, fordern zu können, dass sich die Welt an seine Forderungen, was Bequemlichkeit, Gerechtigkeit und Qualität betrifft, anpasst. Als ob die Welt nichts Besseres zu tun hätte.

In den folgenden Kapiteln werden wir drei Faktoren, die oft entscheidend zum Stress am Arbeitsplatz beitragen, weiter vertiefen: den Perfektionismus, die Sucht nach Liebe und die niedrige Frustrationstoleranz.

10 Alles muss perfekt sein!

Was ist Perfektionismus?

Ein Perfektionist, der von sich selbst verlangt, dass seine Leistungen immer optimal und fehlerlos zu sein haben, ist nicht zu beneiden. Es ist nämlich unmöglich, diese selbst gestellte Aufgabe zu erfüllen. Der Perfektionist macht aus seiner Arbeit etwas, das man am ehesten mit Sisyphusarbeit vergleichen könnte: Schwere Arbeit, die, immer dann, wenn sie fast fertig zu werden droht, zunichte gemacht wird. In der klassischen Mythologie ist Sisyphus der Gründer der griechischen Stadt Korinth, der bei den Göttern in Ungnade fällt und deshalb mit dem Auftrag bestraft wird, bis in alle Ewigkeit einen schweren Felsblock einen steilen Berg hinauf zu schieben. Immer wenn der Felsblock fast den Gipfel erreicht hat, stürzt er wieder hinunter ins Tal und Sisyphus muss von vorne beginnen.

Es gibt allerdings einen Unterschied zwischen Sisyphus und einem Perfektionisten. Sisyphus wusste, dass er beinahe den Gipfel des Berges erreicht hatte. Für den Perfektionisten hat der Berg aber gar kein Ende, er geht immer weiter und höher bis zu Regionen, die kein Mensch, auch ein Perfektionist nicht, wahrnehmen, beschreiben oder wiedererkennen kann. Der Perfektionist strebt nach Perfektion und kann nicht akzeptieren, dass es Perfektion nicht gibt. Er ist mit seinen Ergebnissen nie wirklich zufrieden und erwartet mit dem Gefühl der Angst den Moment des Versagens. Wird ein bestimmtes, konkretes Ergebnis doch erreicht, dann bedauert der Perfektionist, dass er so viel Zeit dafür investiert hat – und dass viele andere Dinge deshalb liegen geblieben sind.

Das Gefühl, ein Hochstapler zu sein: Ich schaffe es nicht!

Manchmal kann das negative Denken über die eigenen Fähigkeiten derart übersteigert sein, dass man sich selbst als Betrüger sieht: „Die anderen werden noch bemerken, dass ich gar nicht geeignet für diesen

Job bin.“ Man spricht auch vom „Impostor-Syndrom“ nach dem englischen Begriff „Impostor“, der so viel bedeutet wie: Betrüger, Schwindler, Hochstapler. Als Beispiel hier die Schilderung einer Richterin:

Beispiel

„Ich bin schon seit einigen Jahren Richterin und habe über so viele wichtige Dinge ein kluges Urteil abgeben müssen, dass mir manchmal ganz mulmig dabei zumute ist und ich mich frage, wie das bloß weiter gehen soll. Egal, wie sehr ich mein Bestes gebe, um mich gut auf einen Fall vorzubereiten, wie objektiv und sorgfältig ich an die Sache herangehe, oft bleibt der Zweifel, ob ich es richtig gemacht habe, ob ich vernünftig gehandelt habe. Viele schauen zu mir und meinem Titel auf, wenn die Leute nur wüssten, wie oft ich mich bei Verhandlungen auf meine Intuition verlasse, anstatt mich besser vorzubereiten und alle relevanten Gesetzestexte durchzulesen, um zum richtigen Urteil zu kommen. Und dabei lasse ich noch alle falschen Entscheidungen und Einschätzungen, die ich in meinem Privatleben treffe, außer Acht …

Ich stelle mir manchmal vor, dass eines schönes Tages jemand in den Gerichtssaal drängt, mit dem Finger auf mich weist und ruft: „Sie sind eine Betrügerin! Sie sind in dieser Angelegenheit nicht befugt und Sie besitzen weder die Intelligenz und das Fachwissen noch das Urteilsvermögen, um hier so schwerwiegende Entscheidungen zu fällen! Es ist eine Schande, was Sie vorgeben alles zu sein!“ Manchmal wünsche ich mir fast, dass so etwas passiert, dann wäre ich von dieser Unsicherheit befreit.“

In diesem Fall verstehen wir unter Perfektionismus nicht: Das Bedürfnis, hart zu arbeiten und ausgezeichnete Leistungen zu erbringen. Perfektionismus ist die übertriebene Forderung an die eigene Person, jederzeit und in allen Angelegenheiten unfehlbar und fehlerfrei zu sein und zu handeln. Perfektionismus ist somit nicht dasselbe wie die Forderung, die eigene Umgebung und die Menschen hätten fehlerlos zu sein. Manchmal trifft jedoch beides zusammen.

Albert Ellis sagt, dass alle Menschen, ungeachtet ihrer Erziehung, der Falle auf den Leim gehen, sich selbst oder jemand anderes *als Person* „zu verherrlichen oder zu verabscheuen“, anstatt das jeweilige *Verhalten* als positiv oder als negativ zu bewerten. Der Perfektionist setzt seine

Leistung mit seiner Person gleich: „Wenn ich das nicht sehr gut mache, bin ich als Person wertlos.“

Woher kommt der Perfektionismus? Was bewegt einen Menschen, sich in die Fänge des Perfektionismus zu begeben? Mit dem Perfektionismus verhält es sich – nach der RET-Theorie – genauso wie mit anderen Kognitionen. Der Ursprung ist die übergeneralisierende und fordernde Denkweise, die den Menschen angeboren zu sein scheint. „Ich bin, was ich tue“, „Ich *muss* haben, was ich gerne möchte.“ Ein gutes Beispiel für den zweiten Satz ist ein schreiendes Baby in der Wiege. Das Baby äußert nicht seinen Wunsch nach einem Schluck Milch oder einer sauberen Windel: Es *fordert,* was es möchte.

Die irrationalen Gedanken werden später durch die Erfahrungen, die ein Mensch macht, und durch die Art und Weise, wie er lernt, sich selbst und andere zu sehen, weiterentwickelt. So haben manche Erwachsene immer noch einen Denk- oder gar Verhaltensstil, der noch sehr an das schreiende Baby erinnert. „Ich muss das können, was ich will, ich muss bekommen, was ich will, die Welt muss mir geben, was ich will.“

Übergeordneter Perfektionismus

Sebastian F.

Sebastian F. verlangt viel von sich selbst. Er ist hochqualifiziert und hat beruflich bereits viele Erfolge verbuchen können. Die Erfolge betrachtet er als Hinweise, wo er sich künftig hin entwickeln möchte. Scheitern ist für ihn ein Fremdwort. In der Schulzeit war er Klassenbester, seine sportlichen Leistungen waren herausragend und er hatte immer viele Freunde. Wer geschafft hat, was Sebastian F. geschafft hat, kann nur eines zum Ziel haben: noch besser werden. Kleinere Formfehler verzeiht er sich, denn diese sind unwichtig, aber in den grundsätzlichen Dingen darf es bei Sebastian F. nur Fortschritt und Vorwärtskommen geben. Andere sind das von ihm gewöhnt und er von sich auch. Eine gute Leistung nur zu wiederholen, würde Stillstand bedeuten: Es soll aber immer aufwärts gehen, meint Sebastian F. Minderleistung ist etwas für Schwächlinge, nicht aber für ihn: Von ihm darf man sich mehr erwarten. Die Kollegen kennen ihn als äußerst ehrgeizig und etwas arrogant. Er ist ein Solist, der völlig auf das Inhaltliche seiner Arbeit fokussiert ist.

Der übergeordnete Perfektionist hat irgendwann, an einem unglückseligen Augenblick in seinem Leben beschlossen, dass von ihm mehr erwartet wird als mittelmäßige Leistungen, die es ja schon zuhauf gibt. Vielleicht ist er in jungen Jahren gut damit gefahren, bekam viel Wertschätzung für sein Können und fing an zu glauben, dass ihm alles weiterhin so gut gelingen wird, wenn er sich nur zu hundert Prozent dafür einsetzt. Jeder weitere Erfolg ist ab diesem Moment kein Grund zum Feiern mehr, sondern entspricht nur der normalen Erwartungshaltung. Es kommt zur *Leistungs-Inflation*; der Erfolg wird zur Norm. Leider wird man mit jeder neuen Erfolgserfahrung in dem irrationalen Gedanken bestärkt, dass man immer alles können muss. Es bleibt, in der eigenen Wahrnehmung, gar nichts anderes übrig, als auf diesem Erfolgsweg weiterzugehen. Wer dabei scheitert, für den ist alles vorbei, er fällt tief und wird mit dem Gedanken konfrontiert, dass der bisherige Erfolg unecht und alle Wertschätzung unberechtigt war. Deshalb werden schon kleine Unvollkommenheiten in der eigenen Leistung als Bedrohung der eigenen Person erlebt.

Untergeordneter Perfektionismus

Barbara M.

Barbara M. ist es gewöhnt, hart zu arbeiten. Schon als Kind hat sie Sätze gelernt wie: „Faulheit ist des Teufels Kopfkissen" und „Nur die Arbeit adelt den Menschen." Ihre Eltern haben stets tadelloses Benehmen von ihr erwartet und sie hat aus diesen Erwartungen eine Verpflichtung für sich gemacht. Dieses Muster hat sie in ihrem Erwachsenenleben fortgeführt. Sie erlaubt sich in der Arbeit keinerlei Fehler, denn sie kann sich selbst nicht mehr in die Augen schauen, wenn sie unprofessionell gearbeitet hat. Sie empfindet sich in solchen Fällen als Versagerin und befürchtet, die Kollegen könnten herausfinden, dass sie für ihre Arbeit eigentlich gar nicht geeignet ist. Sie glaubt, dass sie nur dann etwas wert ist, wenn sie alles, was sie tut, mehr als hundertprozentig gut macht.

> Auf ihre Kollegen wirkt sie wie das sprichwörtliche Arbeitstier, das es nicht ertragen kann, die Kontrolle über die Arbeit zu verlieren. Sie nimmt zu viel Verantwortung auf sich und ist pingelig bis ins kleinste Detail. Ihre Kollegen lassen gelegentlich die Arbeit schleifen, sie wissen ja, dass Barbara M. sich darum kümmern wird.

Der untergeordnete Perfektionist verlangt fehlerfreie Arbeit von sich selbst, aber nicht so sehr, weil er der Meinung ist, das wäre für ihn angemessen, sondern weil er glaubt, er hätte nur durch seine Perfektion einen Platz auf dieser Welt verdient. Erfolgreich sein heißt für ihn Glück zu haben, das Scheitern hängt ständig wie das „Schwert des Damokles“ über seinem Kopf; früher oder später wird er seine Umgebung einmal enttäuschen und man wird ihn ins Abseits befördern.

So versöhnlich er anderen gegenüber ist, so streng ist er zu sich selbst. Komplimente annehmen fällt ihm schon deshalb schwer, weil er es doch noch besser hätte machen können, wenn er nur dieses oder jenes Detail nicht übersehen hätte.

Erfolge zu feiern ist keine nützliche Beschäftigung, die Arbeit wartet schließlich schon wieder. Das Wort „untergeordnet“ ist hier bewusst gewählt. Nicht weil die Person untergeordnet wäre, sondern weil sie sich selbst so erfährt.

Der Kampf gegen den Perfektionismus

Das Schlimmste, was einem Perfektionisten passieren kann, ist fortwährender Erfolg.

Wer seinen Perfektionismus bekämpfen möchte, kann in Kapitel 4 „Veränderungsstrategien: Die Disputation“ entsprechende Anregungen finden. In den folgenden Absätzen gehen wir näher auf einige spezielle Strategien ein.

Die Kalenderblattweisheit „Kein Mensch ist perfekt“ funktioniert, trotz des Wahrheitsgehaltes, nicht bei Perfektionisten. Diese schreiben sich nämlich eine spezielle, einzigartige Position zu, eine, bei der das Fehlermachen schlichtweg als Option nicht vorkommt. Wie an anderer Stelle bereits gesagt, legen Perfektionisten die Messlatte für sich wesentlich höher als für andere Menschen. Eine wirksame Strategie gegen Perfektionismus kann sein, den Perfektionisten einmal erklären zu lassen, warum ausgerechnet er diese spezielle Position innehat, warum andere Menschen Fehler machen dürfen (und daraus lernen dürfen), er aber nicht. Was hat er getan, wodurch er dieses Recht verspielt hat? Welche Autorität hat ihn zu einem fehlerlosen Leben verurteilt? Der Perfektionist, der auf diese Fragen eine wissenschaftlich fundierte Antwort geben kann, die die überzogenen Forderungen an sich selbst rechtfertigen würde, muss noch geboren werden.

Viele Perfektionisten sagen über sich selbst, dass sie durch die hohen Erwartungen ihrer Eltern so geworden seien. Das mag eine Erklärung für den *Ursprung* ihrer Überzeugung sein, aber nicht für deren *Realitätswert*. Wahrscheinlich werden diese Perfektionisten gern zugeben, dass sie diese Strategie der hohen Erwartungen für ihre eigenen Kinder für ungeeignet halten.

Wer sich von seinem Perfektionismus befreien möchte – und lieber zu dem *Wunsch* (und nicht der *Forderung*) zurückkehren möchte, das, was man tut, gut zu machen –, dem sei empfohlen, einmal genau zu untersuchen, welche übertriebene Bedeutung er für sich als Mensch mit dem Scheitern verbindet. Wann scheitert jemand als „gesamte“ Person? Wenn man Fehler in der Arbeit macht, bedeutet das dann zugleich, dass man auch als Partner, Freund, Elternteil versagt hat? Was ist genau der Zusammenhang zwischen unseren Handlungen und uns als Menschen? Ist es dasselbe?

Eine dritte, wirksame Strategie kann darin bestehen, auch einmal die Erfahrung zu machen, wie sich das anfühlt, wenn man einmal eine schlechte Arbeitsleistung abliefert. Dazu könnte man ganz konkret mit sich selbst vereinbaren, dass man in bestimmten Momenten bei bestimmten Aufgaben einmal bewusst Fehler macht. Dafür muss man sich über eine gewisse Hürde hinweg versetzen, aber es könnte sich lohnen, denn: Das Bekämpfen des eigenen Perfektionismus kann die Arbeitsergebnisse sogar verbessern, wie wir schon an anderer Stelle ausgeführt haben. Das Schlimmste, was einem Perfektionisten passieren kann, ist ständiger Erfolg: Dadurch fehlt ihm die – eigentlich alltägliche – Erfahrung, auch einmal mit weniger guten Leistungen zurechtkommen zu müssen. Genau solche Erfahrungen können dem Perfektionisten dabei helfen, zu verstehen, dass es ein Leben nach dem Fehlermachen gibt.

Schwierigkeiten in der Zusammenarbeit mit Perfektionisten

Übertriebene Perfektionisten benachteiligen nicht nur sich selbst, sondern auch andere. Sie sind keineswegs die großartigen Mitarbeiter, wie Führungskräfte sie sich wünschen. Sie können durch ihre übertriebene Leistungshaltung Unmut bei den Kollegen erzeugen, außerdem müssen sie per se immer alles bis ins kleinste Detail kontrollieren. Wenn eine Aufgabe nicht mehr dem Maßstab der Perfektion genügen kann, zeigt der Perfektionist fehlende Durchsetzungsfähigkeit und gibt womöglich ganz auf: „Ich mache es entweder richtig gut oder gar nicht.“ Für einen perfektionistisch veranlagten Musiker ist Improvisation ein Gräuel. Ich (R. B.) habe einmal in einem Orchester zusammen mit einem Saxophonisten gespielt, der Wochen im Voraus 24 Takte Improvisation in Notenschrift ausgearbeitet und endlos wiederholt hat. Am Abend der Aufführung verpasste er in Takt 3 eine Note, was dazu führte, dass er enttäuscht und verärgert sein Saxophon weglegte und keine Note mehr spielte.

Perfektionismus ist nebenbei bemerkt kein Garant für besondere Arbeitsleistungen. Der hohe Leistungsdruck erzeugt zu viel Spannung, die die Konzentration beeinträchtigt. Außerdem sind viele Perfektionisten notorische Deadline-Missachter (die Sache ist zum vorgegebenen Zeitpunkt bestimmt noch nicht gut genug) und sie benötigen häufig sehr viel Vorbereitungszeit, um zu ihrer Höchstleistung zu kommen, wodurch das Verhältnis von Aufwand und Ergebnis in Schieflage geraten kann.

11 Werde ich von anderen akzeptiert?

Albert S.

Albert S. ist Projektmanager. Bei einer Teamsitzung stoppt er Daniel F. zweimal abrupt, als dieser wieder einmal weit ausholen will bei seinen Ausführungen über die täglichen Abläufe in der Abteilung. Daniel F. blickt danach stur vor sich hin und verlässt nach Ende der Sitzung, ohne sich zu verabschieden, den Raum. Er hat sich vermutlich geärgert. Albert S. beschäftigt die Situation noch lange und er fühlt sich verunsichert. Vielleicht denkt Daniel F. jetzt, er sei ein autoritärer Blödmann. Albert S. kann sich gar nicht mehr gut auf seine Arbeit konzentrieren. Es belastet ihn, nicht zu wissen, was andere von ihm halten.

Eva M.

Seit Eva M. einen neuen Chef hat, geht es ihr nicht gut. Sie ist Managementassistentin und arbeitet schon seit Jahren bei einer Firma, die Klimaanlagen aus China importiert. Ihr früherer Chef hat ihr immer viele Sachen anvertraut, wie zum Beispiel die Organisation von Informationsveranstaltungen bei den Vertriebspartnern oder die Kontakte mit Werbeagenturen. Er hat ihr vertraut, hat sie geschätzt und er mochte sie gern. Der jetzige Chef geht mit ihr um wie mit einer normalen Sekretärin, die die täglich anfallenden Arbeiten erledigt, der man aber nicht zutraut, selbstständig Dinge zu tun. Er hat eindeutig mehr Vertrauen zu den schönen, jungen Frauen aus der Marketing- und Informationsabteilung. Sie fühlt sich verkannt und reagiert verschnupft und frustriert. Der Spaß an der Arbeit ist ihr vergangen; sowohl ihr Mann als auch die Kinder fragen sich bereits, was bloß mit ihr los ist.

Friedrich Z.

Friedrich Z. fühlt sich durch überflüssigen Lärm am Arbeitsplatz belästigt und gestört. Zwei Kollegen, die hinter ihm sitzen, unterhalten sich oft sehr laut miteinander; die junge Kollegin – ihm gegenüber – hört sich gern Popmusik im Radio an. Manchmal gibt es deswegen schon Bemerkungen von anderen. Herr Z. selbst traut sich nicht, zu sagen, dass ihn der Lärm stört. Er bleibt immer freundlich, auch wenn er innerlich kocht. Er traut sich nicht, etwas zu sagen, weil er Angst hat, dass die anderen ihn dann nicht mehr leiden können.

Die Frage, was andere von uns halten und wie wir gute, stabile Beziehungen gestalten und leben können, beschäftigt uns auf vielerlei Weise. Besonders in der heutigen Zeit wird viel Wert auf die Fähigkeit gelegt, Kontakte zu pflegen und Rücksicht auf die Bedürfnisse anderer zu nehmen. Um diese Fähigkeit geht es auch, wenn von „emotionaler Intelligenz“ die Rede ist, um einen heutzutage viel zitierten Begriff zu nennen.

Geliebt werden wollen ist somit ein an sich konstruktives Anliegen. Wenn das Bedürfnis, geliebt zu werden, allerdings zu beherrschend wird, wenn daraus eine Forderung beziehungsweise eine absolute Notwendigkeit wird, dann kann das auch Schwierigkeiten bereiten. Im Beispiel des Projektmanagers Albert S. ist die exzessive Beschäftigung mit der Frage, was andere von ihm halten, ein erheblicher Stressfaktor. Ähnlich bei Eva M. Ihre Arbeitsfreude ist durch ihren Ärger und ihre Verbitterung darüber, dass der neue Chef sie weniger respektiert als sein Vorgänger, eingeschränkt. Und Friedrich Z. fürchtet die mögliche Zurückweisung durch seine Kollegen so sehr, dass er nicht einmal mehr für seine Interessen eintritt und so Tag für Tag zulässt, dass andere ihn stören. Die untergründige Denkweise in all diesen Beispielen ist nicht: „Es wäre schön, wenn die anderen Leute mich respektieren und mögen.“ Dieser Wunsch wird hier umgewandelt in eine Forderung: „Es ist absolut notwendig, dass die anderen Leute mich mögen, sonst wäre das fürchterlich für mich.“

Liebessucht kann sich als Forderung an die Außenwelt manifestieren – die anderen Leute müssen mich mögen –, oft wird die Frage, inwieweit man geliebt wird, aber auch mit dem Selbstwert verknüpft. Manche Menschen, die süchtig danach sind, geliebt zu werden (auch Lovejunkies genannt), fordern, dass ihre übertriebene Freundlichkeit anderen gegenüber mit Freundschaft und Wertschätzung belohnt werden müsse. Bleiben diese Forderungen unerfüllt, werden sie frustriert und mutlos. Sie reden sich ein, dass sie das nicht ertragen können, wenn sie nicht von allen anderen geliebt und geschätzt werden. Sie sind überzeugt davon, dass sie ohne Liebe nicht funktionieren können, und denken sich manchmal bittere Abschiedsszenen aus, nach denen die Kollegen ihre verweigerte Wertschätzung noch sehr bereuen werden. Eine niedrige Frustrationstoleranz (vgl. S. 18) spielt sicher oft zusätzlich eine Rolle bei der Liebessucht.

Die Verknüpfung mit dem Selbstwert wird in dem Beispiel von Eva M. deutlich: „Wenn jemand mich nicht mag, bin ich als Person in Frage gestellt.“ „Ich habe nur dann eine Daseinsberechtigung, wenn ich nett zu anderen Leuten bin.“ Sie bezieht ihren Selbstwert aus der Liebe und dem Respekt anderer. Viele „Lovejunkies“ tun das. Für manche gelten sogar innere Glaubenssätze wie dieser: „Nur wenn ich liebenswürdig zu anderen bin, bin ich ein guter Mensch.“

Liebessucht innerhalb von Organisationen

In Organisationen sind allerlei persönliche Haltungen und Beschäftigungen mit dem Geliebt Werden regelmäßig Nährboden für die unterschiedlichsten Problemstellungen. Dazu zählen auch viele Probleme, die man auf den ersten Blick gar nicht in diesen Kontext einordnen würde. Wir wollen im Folgenden einige dieser Problemauslöser näher betrachten.

An vielen Arbeitsplätzen sind eine gute Kommunikation und ein harmonisches Miteinander der Normalfall. Manchmal schießen die Beteiligten über das Ziel hinaus. Dann gilt die Prämisse, dass der Umgang miteinander immer angenehm sein *muss* und dass Leute, die etwas Negatives bemerken, Stimmungskiller sind. Auf allen Fronten soll so viel wie möglich im einvernehmlichen Miteinander abgestimmt werden. Unangenehmes wird in solchen Arbeitsteams gerne ausgeklammert. So etwas kann auch ausufern, dann wissen zum Beispiel alle über einen Kollegen, der im Team nicht gut funktioniert, Bescheid, nur der Betroffene weiß es nicht. Die Information wird dann am Kaffeeautomaten ausgetauscht oder auf dem Weg nach Hause – in den Teamsitzungen ist dieser Punkt jedenfalls tabu. Man könnte die These aufstellen, dass immer dort, wo die Mitarbeiter auf den ersten Blick besonders freundlich und harmonisch miteinander umgehen, am meisten getratscht wird. In Betrieben und Organisationen wird es immer Kritik geben, an den Kollegen genauso wie an der Führungsarbeit, und wenn diese Kritik nicht öffentlich geäußert werden kann, wird sie indirekt über den Klatsch mitgeteilt. Es kann viele Gründe dafür geben, dass negative Information unausgesprochen bleibt. Wichtig ist auch in diesem Zusammenhang, dass es um eine Forderung geht, die verlangt, dass die Leute nett zueinander sein müssen, dass sie sich nicht beleidigen dürfen, denn das wäre für niemanden zuträglich. Natürlich gibt es in jedem Unternehmen oder jeder Behörde auch eine Reihe von anderen Gründen, negative Dinge nicht auszusprechen. Oft wird auch der Überbringer der schlechten Nachricht bedroht, ganz nach dem klassischen *„Kill the messenger“*-Prinzip. Oder dem Kritiker wird ordentlich der Kopf gewaschen und man kontert mit der Frage, was er denn selbst dafür getan habe, das von ihm kritisierte, negative Phänomen anzupacken. Sehr verbreitet ist auch der Reflex, den Kritiker erst einmal mit der Bitte, Genaueres über die Sache herauszufinden, abzuwimmeln.

Kritik zu äußern kann also Stress bedeuten und zusätzliche Arbeit und damit stellt sich dem, der etwas zu bemängeln hat, die Frage, ob es nicht besser wäre, die Kritik für sich zu behalten. Wenn sich ein Unternehmen durch mangelhafte interne Kommunikation selbst schadet, wird meist mit guten Vorsätzen darauf reagiert („Wir wollen das offen miteinander diskutieren“) oder es wird ein Kommunikationstraining angeboten. Diese Vorsätze und Pläne bringen aber nicht die gewünschten Ergebnisse, wenn die verborgenen, gemeinsam gelebten Glaubenssätze nicht mit auf den Prüfstand kommen. In unserem Beispiel geht es um Glaubenssätze und Überzeugungen wie: „Wir müssen immer nett zueinander sein, wir dürfen uns nicht gegenseitig verbal angreifen und mögliche Kritiker sollten doch erst vor der eigenen Türe kehren.“

Entscheidungsprozess

Markus T.

Markus T. ist einer der nettesten Direktoren, die dieses Pflegeheim je geleitet haben. Er hat immer ein offenes Ohr für die Pflegekräfte und die Patienten, die oft für lange Zeit im Pflegeheim untergebracht sind. Vor allem in der Anfangszeit fühlten sich alle sehr gut bei diesem Heimleiter aufgehoben. Allerdings sind die jüngsten Kommentare weniger positiv. Manche Abteilungsleiter reagieren inzwischen sogar richtig allergisch auf den Heimleiter. Was ist passiert? Es kommt immer wieder vor, dass einmal gefasste Beschlüsse rückgängig gemacht werden oder dass notwendige Entscheidungen immer wieder verschoben werden. Es scheint so zu sein, dass, wenn jemand wegen einer neuen Maßnahme Bedenken äußert (egal ob es sich um ein Mitglied des Personals oder um einen Bewohner handelt), diese Maßnahme dann rückgängig gemacht wird. In den letzten Wochen ist es mehrfach vorgekommen, dass jemand sich durch den Dienstplan benachteiligt glaubte. Nach einigen Klagen wurde der Dienstplan der betreffenden Person daraufhin geändert.

Wer eine Führungsposition innehat, kann gar nicht verhindern, dass er Dinge beschließen oder Maßnahmen ergreifen muss, die dem einen oder anderen Personalmitglied nicht gefallen. Wenn er grundsätzlich jedem Wunsch, der an ihn herangetragen wird, entsprechen möchte, verursacht er eine Chaospolitik, die ihm letzten Endes niemand in Dank abnehmen wird. Tragisch daran ist, dass gerade diejenigen, die sich Sorgen um ihre Beliebtheit machen, von solchen Reaktionen betroffen sind.

Was kann man gegen Liebessucht tun?

Nichts an der Liebessucht ist funktional. Das übertriebene Bedürfnis, nett gefunden werden zu wollen, macht, dass viele Menschen in der Umgebung sich eher abwenden, weil sie denken, es handle sich um jemanden, der sich wie ein Fähnchen im Wind dreht. Viele Menschen werden so jemanden weniger aus Zuneigung aufsuchen, sondern weil sie ihn brauchen.

Es gibt nichts Logisches daran, immer zu jedermann nur nett zu sein. Warum sollten Sie beispielsweise nett zu jemandem sein, der Ihre Grenzen nicht achtet? Oder zu jemandem, der seinerseits gar nicht nett zu Ihnen ist? Was würden Sie in dieser Hinsicht einem anderen Menschen raten? Der Wunsch, von allen anderen nett gefunden zu werden, ist unrealistisch. Wie gesagt, ein Teil der Menschen in Ihrer Umgebung wird immer etwas reservierter auf Sie reagieren als andere. Vielleicht geht es da um Sachen wie Affinität zu einem anderen Charaktertyp, beispielsweise bevorzugen manche Leute Menschen, die kein Blatt vor den Mund nehmen und immer frei heraus sagen, was sie denken.

Finden Sie denn selbst andere Menschen immer nett und liebenswert? Was sagt das über Sie als Person aus, wenn Ihre Kollegen Sie nicht nett finden? Bedeutet deren Urteil, dass Sie als Person dann auch tatsächlich nicht nett *sind*? Nein, es bedeutet höchstens, dass man weniger nettes Verhalten von Ihnen beobachtet hat. Es sind unsere Denkfehler, die machen, dass wir das, was andere denken, als Wahrheit akzeptieren und dass wir die Meinung anderer mit unserer Wertigkeit verbinden:

- „Man sagt … also ist es so …“
- „Ich *tue* das … deshalb *bin* ich als Person …“

Es ist besser, wieder zu dem Wunsch, nett gefunden zu werden, zurückzukommen und sich von der Forderung, dass man nett gefunden werden möchte, frei zu machen. Die in diesem letzten Abschnitt gestellten Fragen, das aktive Ausformulieren eines rationaleren Gedanken und eine gute Portion Übung können dabei helfen.

12 Das ertrage ich nicht!

Sie haben das Recht auf einen angenehmen Vorgesetzten, weil der letzte schon nicht nach Ihrem Geschmack war.

Trotz des Verbotsschildes laufen immer wieder große Hunde auf dem Kinderspielplatz, wo auch Ihre Kinder spielen, frei herum – ein unerträglicher Zustand, ein Skandal.

Sie erhalten immer noch viele Spam-Mails; äußerst unangenehm und es werden sogar immer mehr!

Ihr Kollege kommt konsequent nun schon im fünften Jahr in Folge seinen Zusagen nicht nach, das ist doch nicht zu glauben!

Ihre Eltern meinen immer noch, über Sie verfügen zu können, einfach unerträglich.

Ihr Partner hat nach wie vor andere Vorstellungen, was Ihre Freizeitgestaltung angeht, dabei haben Sie schon so oft erklärt, wie Sie das gerne hätten.

Die katastrophale Richtlinienpolitik in Ihrer Organisation wird nicht korrigiert, das darf doch nicht wahr sein!

Die Politiker senken die Steuern nicht, sie müssen aber niedriger werden!

Die Regierungspolitik verändert sich nicht in der Form, wie Sie das gerne hätten? Ja, sind die in der Hauptstadt alle verrückt geworden?

Die Kriminalitätsrate geht nicht zurück, man kann sich in unserer Gesellschaft nicht sicher fühlen.

Wie fühlen Sie sich, nachdem Sie das gelesen haben? Wenn Sie sich bedrückt und/oder ziemlich irritiert fühlen, lesen Sie dann hier weiter:

Ein einfaches Leben

Albert S.

Albert S. hat ein einfaches Leben: Sein Auto springt immer an, alles in seinem Haus funktioniert einwandfrei, seine Frau macht genau das, was er will. Falls sie doch einmal andere Pläne hat, bringt er sie mit ein paar Worten schnell wieder zur Vernunft. Auch seine Kinder verhalten sich vorbildlich, und zwar sowohl zu Hause als auch in der Schule. Sie haben ausschließlich tolle Freunde und sie bitten ihren Vater nur dann um mehr Geld, wenn dieser einen seiner freigiebigen Momente hat – sie spüren immer sehr genau, wann das der Fall ist. Herr S. will allerdings keine Duckmäuser zu Hause haben, deswegen benehmen sich die Kinder, vielleicht einmal im Monat, aber nicht freitags wie richtige Pubertierende. Wenn er Urlaub hat, ist immer Platz im Hotel oder auf dem Campingplatz und das Wetter ist wunderbar.

Auf dem Karriereweg von Albert S. gibt es keine Hindernisse, er kennt keine Rückschläge. Er besetzt eine entscheidende Position in einem Betrieb, in dem alle auf seine Anweisungen hören. Er ist nicht der Chef in dem Betrieb, denn er hat keine Lust auf die repräsentativen Pflichten. Sollte es intern Entscheidungen geben, die ihm nicht gefallen, lässt er sie vom Chef rückgängig machen. Seine eigenen Ideen sind immer gut und werden ohne Kommentare umgesetzt. Das Managementteam unterbreitet ihm nur dann brillante Ideen, wenn er entsprechend gut aufgelegt ist. Alle stimmen ihm immer zu, das macht die Sache ja auch leichter. Wenn er einmal keine Lust auf die Arbeit hat, bleibt er einfach zu Hause – Konsequenzen hat das für ihn nicht. Die Implementierung all seiner neuen Vorstellungen im Betrieb verläuft immer genauso, wie er es sich vorgestellt hat. Dabei muss er sich nicht einmal die Mühe machen, sich bis in kleinste Details auszudenken, wie das alles umgesetzt werden soll.

Ein extremes Beispiel? Unrealistisch? Ja, gewiss! Würden Sie ein solches Leben wollen? Nein? Das ist auch gut so. Denn Albert S. wird sich, wie wir alle, mit einem Leben begnügen müssen, das sowohl positive als auch negative Dinge für ihn bereithält.

Menschen mit einer niedrigen Frustrationstoleranz haben gemeinsam, dass sie fordern, dass die Dinge so laufen müssen, wie sie das gerne hätten. Der unterschwellige Gedanke dabei ist, dass das Leben einfacher sein müsste, als es in Wirklichkeit ist. Die Betroffenen sagen sich, es sei scheußlich und für sie unerträglich, wenn es im Alltag sperrig zugeht. Wenn jemand verlangt, dass sich immer alles zu seinem Wohlgefallen fügen müsse, und er erlebt, dass das faktisch nicht geschieht, reagiert er frustriert. Er zeigt eine zu geringe Toleranz in Bezug auf

Frustrationen und damit wird man nicht glücklich. Bei der niedrigen Frustrationstoleranz spielen mehrere Faktoren eine Rolle. In den folgenden Abschnitten werden wir über die Forderung nach Bequemlichkeit, die Forderung nach Qualität und die Forderung nach Gerechtigkeit sprechen.

Die Forderung nach Bequemlichkeit

Wie wir bereits wissen, gibt es zwei verschiedene Arten von Forderungen: Forderungen an die eigene Person und Forderungen an andere beziehungsweise an die Welt an sich. Eine Verbindung dieser beiden Arten von Forderungen stellt die Forderung nach Bequemlichkeit dar. Dabei geht es nicht um den Wunsch nach Bequemlichkeit, der möchte, dass wir es uns im Leben angenehm machen, sondern um die Vorstellung, dass alles oder zumindest das meiste im Leben auf einfache, unkomplizierte Art verlaufen müsse. Das dahinter versteckte Motiv ist die Angst vor Schwierigkeiten. Diese Angst entsteht, wenn wir uns selbst weismachen, dass wir es nur dann schaffen können, wenn wir ohne Gegenwind segeln. Bei einer solchen Denkweise werden Belastungen und mögliche Rückschläge in der Fantasie zu unüberwindlichen Hindernissen. Das Irrationale steckt auch hier in der Übertreibung. Schwierige Sachen sind manchmal sehr hinderlich, aber dennoch erträglich.

Hubert K.

Hubert K. arbeitet am Bau. Wenn es regnet, fängt der Tag für ihn schon schlecht an. Wenn er auf seinem Weg zur Arbeit auch noch an jeder Ampel anhalten muss, fängt er an, sich zu ärgern, und seine Finger umklammern krampfhaft das Lenkrad. So erreicht er viel später als erhofft die Baustelle und falls er dort keinen Parkplatz findet, ist für ihn das Maß voll. Jetzt darf nichts mehr schiefgehen! Gerade dann wird der Bauleiter bestimmt wieder mit einer Veränderung der Baupläne kommen, die zur Folge hat, dass die Arbeit der letzten Woche komplett überarbeitet werden muss. Der Bauunternehmer ist noch derselbe fiese Heuchler wie letzte Woche, als er mit zusammengekniffenen Augen und einem Grinsen im Gesicht auf der Baustelle herumlief. Natürlich hat sich dieser Armleuchter Matthias nicht krank gemeldet, so dass Hubert K.

wieder seine abartige Musik aus dem Radio mit anhören muss. Als er entdeckt, dass er sein Mittagessen vergessen hat, wirft er verärgert eine Schubkarre um, schnauzt einen Kollegen an und geht davon.

Wenn jemand auf diese Art Bequemlichkeit für sich einfordert, kann man ihn mit einem kleinen, verhätschelten Kind vergleichen, das aufstampft, wenn es etwas nicht bekommt. Der Fordernde geht davon aus, dass ihm heute alles zufallen muss und dass es so etwas wie ein Maximum an unerwünschten Sachen pro Tag für ihn gibt. Leider kann man einen solchen *Deal* mit der Welt aber nicht abschließen.

Die Forderung nach Qualität

Beispiel

„Dummheit und Ineffizienz kann ich partout nicht ertragen. Ich arbeite als juristischer Berater in einem kleinen städtischen Betrieb und das bedeutet konkret, dass ich hier der einzige bin, der die juristischen Aspekte der Arbeit im Blick hat. Mir ist klar, dass niemand sonst hier Jura studiert hat, aber das ist doch keine Entschuldigung für Dummheit und Eigenmächtigkeit? Es gibt viele Leute, die tun einfach, was sie wollen, und sie schaden mit ihren Eigenaktionen dem Betrieb. Sie schreiben Briefe, beantworten Anfragen von Anwälten, negieren gesetzliche Bestimmungen und sie tun all das, ohne auch nur einen Moment lang in Erwägung zu ziehen, mich um meinen Rat zu fragen. Das ist so unglaublich ineffizient; weshalb, glauben diese Leute, dass ich überhaupt hier bin?“

Wer fordert, alle Leistungen, die zum Beispiel von den Kollegen erbracht werden, müssen qualitativ immer hochwertig sein, sitzt einem sehr hartnäckigen irrationalen Gedanken auf, der einem das Leben schwer machen kann. Diese Forderung wird häufig von Gedanken begleitet, wie: „Das ist doch nicht zu fassen!“, „Mit solchen Leute geht das Unternehmen den Bach runter“ und „Ich liefere doch auch einwandfreie Arbeit, warum können die das nicht auch?“

Fordert man eine bestimmte Qualität ein, würde das ja voraussetzen, dass die Kollegen über die Kriterien, die man dafür handhabt, informiert sind. Und wenn sie es sind, müssten sie sich auch bereit erklärt haben, die geforderten Qualitätsmerkmale einhalten zu wollen und zu können. Menschen, die Qualität einfordern, gehen oft davon aus, dass alle anderen genauso im Leben stehen wie sie selbst, dass alle anderen genauso klug, qualifiziert und motiviert sind wie sie selbst und dass alle anderen ihre Kriterien mittragen wollen. Diese Forderung nach Qualität kann Hand in Hand mit Perfektionismus in Erscheinung treten. Perfektionismus ist aber nicht dasselbe. Die Perfektionismus-Forderung ist immer an einen selbst gerichtet, wohingegen die Qualitäts-Forderung an andere gestellt wird.

Die Forderung nach Gerechtigkeit

Beispiel

„Jetzt sitze ich schon seit 17 Jahren im Betriebsrat und noch immer hat unser Vorstand nichts kapiert. Entscheidungen werden uns nicht vorgelegt, sondern nur mitgeteilt. Einen Weg zurück gibt es dann meist schon nicht mehr. Dabei ist ganz klar ein anderes Prozedere vereinbart: Die Führungsetage muss uns mitentscheiden lassen! Dass sie das nach all den Jahren immer noch nicht tun, das geht einfach nicht! Und unabhängig vom Prozedere, die Löhne bleiben im nächsten Jahr wieder unverändert, als ob es keine Inflation gäbe. Ist es dann verwunderlich, dass ich mich vor kurzem im Ton vergriffen habe und Türen geknallt wurden, als ich die Besprechung verließ? Am nächsten Tag habe ich mich krank gemeldet; es ist skandalös und ungerecht und ich ertrage das nicht länger."

Beispiel

„Ich bin Projektleiter und in meiner Arbeit weitgehend davon abhängig, was andere im Projekt tun. Ist es dann so seltsam, wenn ich darum bitte, dass die gegenseitigen Zusagen eingehalten werden? In jedem Projekt habe ich immer mindestens einen, der nicht tut, was er verspricht. So etwas will mir einfach nicht in den Kopf: Wenn ich eine Zusage mache, dann halte ich mich doch daran? Es spottet jeder Beschreibung, wie unanständig, ja dreist sich manche Menschen in der Arbeit verhalten. Ich halte mich doch auch an meine Zusagen, warum tun andere das nicht auch?"

Die Welt wäre deutlich effizienter, wenn sich jeder an Termine und Zusagen halten würde. Das kann man sich natürlich wünschen oder, noch besser, man kann mit gutem Beispiel vorangehen. Aber die Forderung, dass jeder sich so verhalten müsse, ist realitätsfremd. So gerne man es auch hätte, die Welt ist nicht gerecht. Wer glaubt, fordern zu können, dass es im alltäglichen Leben keine Ungerechtigkeit geben dürfe, macht sich selbst das Leben schwer. Beim Lesen der Zeitung, beim Öffnen von E-Mails, bei Besprechungen mit Kollegen, im Autoverkehr und unzähligen anderen Begebenheiten stößt man unweigerlich auf Ungerechtigkeiten, die man – in der Regel – nicht verhindern kann. Wie glücklich kann uns das machen, wenn wir fordern, dass Gesetze, Rechte, Regeln immer eingehalten werden müssen, während wir gleichzeitig in einer Welt leben, die meilenweit davon entfernt ist?

Beispiel

„Ich habe jahrelang bei einer karitativen Einrichtung gearbeitet, die freiwillige Helfer in jene Teile der Welt, in denen große Not herrscht, entsendet. Manche Helfer waren so durchdrungen von der Vorstellung, dass sie durch ihren persönlichen Einsatz die Ungerechtigkeit in der Welt vermindern können, dass sie schon nach kurzer Zeit frustriert, verbittert und erschöpft wieder nach Hause zurückkehren mussten. Sie kamen nicht mit der Tatsache zurecht, dass die Situation vor Ort sich nicht wesentlich veränderte, obwohl Sie sich so intensiv dafür einsetzten. Für unsere Ziele sind Menschen, die ihre Bedeutung für das Leben der Menschen in Notstandsgebieten realistischer einschätzen, viel geeigneter. Diese Menschen haben deshalb nicht weniger Idealismus, aber sie lassen sich durch Rückschläge nicht so schnell entmutigen, haben ihr Ziel immer fest vor Augen und sorgen dafür, dass der Aufenthalt für sie selbst auch zu einer lehrreichen Erfahrung wird.“

Erste Hilfe bei niedriger Frustrationstoleranz

Machen Sie sich bewusst, dass Sie aus einem Problem zwei Probleme machen. Wenn Sie im Stau stehen, haben Sie ein Problem: Sie stehen im Stau und das ist ärgerlich. Wenn Sie jetzt denken, dass das eine unzumutbare und unerträgliche Sache ist, werden Sie sich über den Stau aufregen. Dann haben Sie ein zweites Problem, ein Stressproblem. Im Gegensatz zu Problem eins können Sie Problem zwei selbst lösen.

Bedenken Sie, dass hier von zwei verschiedenen Dingen die Rede ist, nämlich von Ihrer Forderung, dass alles so laufen müsse, wie Sie es sich vorstellen, auf der einen Seite und dem Gang der Dinge auf der Welt auf der anderen Seite. Ihr Umfeld und die Menschen in Ihrer Umgebung richten sich nicht danach, was Sie wollen, nur, weil Sie es wollen. Die Chance, dass andere Ihre Vorlieben berücksichtigen, wächst, wenn Sie vermitteln, sich etwas zu wünschen, und nicht, wenn Sie etwas fordern. Es ist beispielsweise rational und vernünftig, Ihre Kollegen darum zu bitten, künftig die Absprachen mit Ihnen einzuhalten. Dieser Wunsch laut als Forderung kommuniziert, könnte allerdings Widerstand hervorrufen. Überlegen Sie auch: Tun Sie denn selbst immer alles dafür, das Leben anderer so angenehm wie möglich zu machen? Nein, wahrscheinlich nicht. Und sogar wenn Sie es versuchen würden, es würde nicht immer gelingen. Und wenn es gelingen würde: Es steht nirgends geschrieben, dass andere genau dasselbe mit Ihnen tun müssten. Niemand überreicht uns Zertifikate, die ein Leben lang das Recht auf Bequemlichkeit, auf Gerechtigkeit und auf hohe Qualität zusichern.

Am Ende kann es schon weiterhelfen, wenn man damit aufhört, sich selbst vorzusagen: „Ich halte das nicht aus." Körper und Geist eines Menschen kriegen viel mehr hin, als jemand mit einer niedrigen Frustrationstoleranz sich vorstellen kann. Eine einschneidende und in Ihren Augen unvertretbare Umstrukturierung kostet einiges an Nerven (und wirbelt einiges am Arbeitsplatz durcheinander), wird aber, wenn Sie aufmerksam, offen und vernünftig bleiben, nicht zu dauerhaften Schäden an Körper und Geist führen.

Es ist effizienter, sich in angemessenem Umfang besorgt oder irritiert zu fühlen, damit man mit der schwierigen Lage auch fertig werden kann. Das geht einfacher, wenn man akzeptiert, dass Unannehmlichkeit und Enttäuschung genauso zum Leben gehören wie Spaß oder ein Glücksfall.

D Ausgewählte Themen, genauer beleuchtet

13 Führungskräfte: Leiten ohne Leiden

Unter den verschiedenen Berufsgruppen erleben besonders Führungskräfte und Manager, dass sie unmittelbar mit unrealistischen Forderungen konfrontiert werden. Übernimmt jemand eine Führungsposition, gilt das allgemein als Aufstieg und daher sind die Erwartungen entsprechend hoch. Führungskräfte stehen ständig im Zentrum der Aufmerksamkeit und sie bekommen viele Impulse, die sie verarbeiten müssen, auf die sie in möglichst kurzer Zeit reagieren sollen. Sie haben Einflussmöglichkeiten und deshalb hat ihr Funktionieren Konsequenzen sowohl für die Mitarbeiter als auch für den Betrieb oder die Organisation insgesamt. Gleichzeitig kommen Führungskräfte, eben aufgrund ihrer Position, mit einer Vielzahl von Dingen in Berührung, die nicht gut laufen; im Betrieb und bei den Mitarbeitern. Mancher Fehler würde ihnen selbst nicht unterlaufen, dennoch sind sie (mit)verantwortlich.

Es gibt auch gute Nachrichten: Als Führungskraft haben Sie sehr gute Möglichkeiten, die Umsetzung Ihrer Forderungen in Wünsche zu üben. Mit diesen Wünschen können Sie dann aktiv experimentieren und den Einfluss, den Sie haben, auch wirklich geltend machen. Im Folgenden wollen wir einige häufig vorkommende Themen bei Führungskräften genauer beleuchten.

Die Anfangszeit einer Führungskraft

Ein häufig anzutreffender irrationaler Gedanke bei beginnenden Führungskräften ist, dass sie ihren Mitarbeitern gegenüber übertrieben nett und korrekt sein müssen. Dieses Problem zeigt sich vor allem bei jungen, neu beginnenden Führungskräften und bei Führungskräften, die vorher dem Team angehörten, das sie nun leiten sollen.

Beispiel

„Als ich gebeten wurde, nach dem Ausscheiden unseres Managers mein Team künftig zu leiten, war ich fest entschlossen, abzulehnen. Ich wollte einfach nicht der Vorgesetzte meiner Kollegen werden. Als ich das Angebot schließlich doch akzeptierte, nahm ich mir vor, so kameradschaftlich wie möglich mit meinen ehemaligen Teamkollegen umzugehen. Ich hatte sowieso den Eindruck, dass sie sich sonst nichts von mir sagen lassen würden; schließlich war ich bis dahin einer von ihnen gewesen. Die Aussicht auf Konflikte mit Menschen, mit denen ich mich vorher gut verstanden habe, war wirklich ein Alptraum für mich und ich war davon überzeugt, dass das auf mich zukommen würde, wenn ich auf einmal ‚den Chef spielen' würde."

Natürlich ist es zu begrüßen, wenn jemand freundlich und respektvoll mit anderen umgeht, und das gilt nicht nur für die neue Führungskraft (die erst Teammitglied war). Aber, der Teamleiter aus unserem Beispiel war zu vorsichtig und deshalb nicht erfolgreich in der Position, für die er ausgewählt war, nämlich die Teamleitung.

Es ist ein Irrglaube, dass Führungskräfte nur dann wertvoll und effektiv sein können, wenn sie es „ihren Leuten" nach Möglichkeit immer recht machen. In Wirklichkeit ist es so, dass Führungskräfte, die ehrlich, offen und wenn nötig korrigierend auftreten, mehr geschätzt werden als diejenigen, die um jeden Preis die Erwartungen anderer erfüllen wollen. Die beginnende Führungskraft sollte sich genau überlegen, ob sich die eigenen Ziele tatsächlich mit der Vorgabe „immer zuvorkommend und nett zu sein" verwirklichen lassen. Wenn der Teamleiter den notwendigen kritischen Konfrontationen mit den Mitarbeitern aus dem Weg geht, wer muss diese Konfrontationen dann angehen? Ist es sinnvoll, immer und von allen Mitarbeitern nett gefunden zu werden? Sicher sind Mitarbeiter gelegentlich unzufrieden mit dem Verhalten ihres Vorgesetzten, aber langfristig fühlen sie sich mit einer selbstständig agierenden, offenen und kritischen Führungskraft am besten.

Ähnlich hartnäckig hält sich der Irrglaube, dass der neu eingesetzte Teamleiter die Arbeit seiner Mitarbeiter selbst perfekt beherrschen muss. Früher ist man tatsächlich dadurch aufgestiegen, dass man bei der Ausführung der Arbeit positiv aufgefallen war, oft orientierte man sich bei der Karriere auch an der Dauer der Betriebszugehörigkeit. Heute stimmt man darin überein, dass ein Manager über andere Fähigkeiten verfügen muss, nämlich über Führungsqualitäten, Motivationsfähigkeit und die Fähigkeit, den Überblick zu behalten, wer was wann und warum macht. Theoretisch wissen das perfektionistische, beginnende Manager auch, aber sie kommen nicht gut mit der Vorstellung zurecht, dass sie auf inhaltliche Fragen ihrer Mitarbeiter keine Antworten geben können. Oft kommt es dann dazu, dass der Teamleiter sich im Stile eines mitarbeitenden Vorarbeiters vorrangig um die eigentliche Arbeit der Mitarbeiter kümmert. Ein solcher Teamleiter nimmt das Leitbild, nach dem der Chef „immer mit gutem Beispiel vorangehen muss" dann doch etwas zu wörtlich. Mit diesem Spruch ist in der Regel ja auch gar nicht das fachspezifische Können gemeint. Wie realistisch wäre das übrigens, zu erwarten, dass ein Vorgesetzter das *immer* kann? Und ist es überhaupt *notwendig*, als Vorgesetzter in diesem Sinne zu funktionieren? Der Vorgesetzte kann mit gutem Beispiel vorangehen, wenn es um die Arbeitseinstellung geht. Er sollte die Regeln und Vereinbarungen einhalten und mit seinen Mitarbeitern sorgfältig und respektvoll kommunizieren.

Wenn man als (neu beginnender) Teamleiter oder Chef oder Geschäftsführer unter seinem eigenen Perfektionismus-Anspruch leidet, ist es empfehlenswert, sich zu fragen: „Warum bin ich hier der Chef? Was bringe ich als Chef zusätzlich mit ein? Erwartet die Vorstandsetage von mir, dass ich die Arbeit, die im Team gemacht wird, gut beherrsche oder dass ich das Team gut führen kann?" In den meisten Fällen wird Letzteres zutreffen. „Kann ich meinen Führungsaufgaben gut nachkommen, wenn ich ständig mit der inhaltlichen Arbeit des Teams beschäftigt bin? Die logische Antwort lautet: nein. Wenn der Chef immer den inhaltlichen Aufgaben des Teams Vorrang gibt, wer führt das Team dann eigentlich?

Die unrealistischste Forderung, die junge Führungskräfte an sich selbst stellen können, ist die, dass sie bei ihren Aufgaben von Beginn an perfekte Arbeit liefern müssen. Viele neue Führungskräfte erwarten von sich selbst, dass sie sofort Übersicht, Erfahrung und Selbsterkenntnis einbringen. Das ist unrealistisch, denn erfahrene Führungskräfte haben dafür oft Jahre gebraucht.

Beispiel

„Ich bin seit eineinhalb Monaten Manager einer Abteilung mit zehn Außendienstmitarbeitern bei einer Versicherungsgesellschaft. Das ist meine erste Erfahrung in einer Führungsposition und entspricht genau dem, was ich mir mit 28 erhofft habe. In der ersten Woche war mir schon klar, dass ich den Job nur schaffen kann, wenn ich mich zu 150 Prozent auf meine Aufgaben stürze. Ich habe damals schon bemerkt, wie ich mit dieser Mischung aus Neugierde und Spott durch die Glastrennwand meines Büros betrachtet wurde. Bei der ersten Arbeitsbesprechung dauerte es lange, bis die Mitarbeiter ihre Gespräche beendeten, so dass ich anfangen konnte. In der zweiten Woche habe mit jedem einzeln ein Einführungsgespräch geführt und Problempunkte aufgenommen.

Diese Gespräche schienen an sich sehr gut zu laufen, aber ich bin mir ganz sicher, dass die Mitarbeiter sich bedeckt hielten und dass sie mir nicht wirklich vertrauten. Zusätzlich sollte ich in der zweiten Woche die Umsatzzahlen der fünfzig größten Kunden aktualisieren. Ich bin in den ersten Wochen kaum zum Schlafen gekommen. Mein Chef wirkte so, als ob er überrascht sei, dass ich die Unterlagen schon so bald fertig hatte, aber das war vermutlich nur aus Höflichkeit. Ich denke, dass er nur darauf wartet, den Beweis dafür zu finden, dass ich kein guter Abteilungsleiter bin. Die letzten zwei Wochen waren ganz ruhig, außer in meinem Kopf. Ich kann mich nicht auf meinen Lorbeeren ausruhen, ich muss zeigen, dass ich für diese Position geeignet bin. Ich besuche ein Training mit anderen Abteilungsleitern unserer Organisation. Bei diesen Treffen sprechen die anderen Teilnehmer von Aktivitäten, zu denen ich noch gar nicht gekommen bin, wie etwa die einzelnen Portefeuilles nach Arten von Kunden einzuteilen oder ein PR-Management aufzubauen. Außerdem muss ich ja noch Motivationsgespräche mit all den Menschen führen, ich kann schließlich kein rein aufgabenorientierter Teamleiter sein, ich muss auch die Bedürfnisse der Mitarbeiter kennen. Mir wird schummrig, wenn ich nur daran denke, was ich noch alles tun muss, denn wenn ich das nicht schnell am Laufen habe, habe ich die Chance vertan."

Der Teamleiter in diesem Beispiel hat noch einen weiten Weg vor sich. Er ist sich noch nicht bewusst, dass sein Denkmuster irrational ist. Er *projiziert* den Anspruch, den er an sich selbst stellt, auf seine Mitarbeiter und seinen direkten Vorgesetzten. Er glaubt, an ihrer Stelle sagen zu können, welche Erwartungen sie an ihn haben und er nimmt dann vor allem jene Reaktionen wahr, die diese Erwartung bestätigen. Es kann sehr gut sein, dass junge Chefs am Anfang kritisch beäugt werden, und es ist auch nicht auszuschließen, dass die Außendienstmitarbeiter am Anfang erst einmal sehen wollen, mit wem sie es zu tun haben und wie die Dinge bei diesem Chef so sind. Aber damit ist noch nicht gesagt, dass sie tatsächlich von ihm verlangen, dass er perfekt sein müsse.

Nicht nur junge Chefs machen solche Denkfehler, wie der Abteilungsleiter in unserem Beispiel. Es ist sehr schade, sich eine neue, erfreuliche Strecke auf dem Karriereweg selbst mit übertriebenem „Ich muss, ich muss"-Denken zu vergällen. Alle Disputations-Fragen aus Kapitel 4 können wir auch dazu verwenden, um das wacklige, irrationale Denkmuster dieses selbst erklärten „Superman" zu zerschlagen. Die am ehesten nahe liegende Selbstmanagement-Strategie für den Berufsanfänger mit Führungsaufgaben ist die, sich zu überlegen, ob es logisch ist, von einem Berufsanfänger sofort fehlerfreie Arbeit zu erwarten. Der beginnende Manager wird ohne zu zögern einräumen, dass seine neugeborene Tochter in einem Jahr, wenn sie ihre ersten Schritte macht, nicht gleich wie ein Gämse herumspringen kann. Er wird überhaupt verstehen, dass lernen und Fehler machen durch und durch menschliche Dinge sind, aber er akzeptiert in diesem speziellen Fall nicht, dass das auch für ihn gilt. Er sollte sich unbedingt fragen, warum für ihn etwas anderes gelten sollte als für den Rest der Menschheit. Selbst wenn die Hebamme bei seiner Geburt schon eindeutige Manager-Qualitäten festgestellt haben sollte (so unwahrscheinlich dieses Szenario auch sein mag), dann bedeutet das noch nicht, dass dieses Talent sofort, bei der ersten Anstellung vollständig ausgebildet zum Tragen kommen kann oder muss. Fehler werden von Fortgeschrittenen und von Anfängern gemacht, von Anfängern vielleicht etwas häufiger als von den „alten Hasen", ob einem das nun gefällt oder nicht.

Sehr einprägsam ist in diesem Zusammenhang das Bild einer Fußballmannschaft: Nicht jeder Spitzenfußballer ist auch ein guter Trainer, aber einige Fußballspieler eignen sich, wenn sie die Qualitäten, die ein Trainer braucht, erlernt haben, sehr gut dafür.

Spitzenspieler werden erst als Trainer eingestellt, wenn „sie ihren Zenit als Spieler überschritten haben". Denn, das Dümmste, was ein Fußballverein tun kann, ist, den Spitzenspieler aus dem Team herauszunehmen und ihn als Trainer einzustellen. Ein Trainer, der sich innerlich weiterhin als der beste Spieler seiner Mannschaft sieht, anstatt sich auf seine Trainerqualitäten zu konzentrieren, erweist weder sich noch der Mannschaft einen Dienst.

Schwierige Gespräche führen

Mitarbeitergespräche, Beurteilungsgespräche, Schlechte-Nachrichten-Gespräche oder auch reguläre Arbeitsbesprechungen sind für viele Führungskräfte Momente großer Anspannung. Natürlich empfinden auch andere Mitarbeiter eine gewisse Anspannung bei dieser Art von Gesprächen, aber Führungskräfte haben in der Regel häufiger solche Gespräche auf der Agenda. Vor allem das Schlechte-Nachrichten-Gespräch gilt als sehr problematisch und löst bei Führungskräften Ängste und Stress aus. Angst vor der Reaktion des Mitarbeiters. Angst vor Aggression. Angst vor einem Konflikt. Angst, beispielsweise im Fall einer Kündigung, den anderen ungerecht zu behandeln. Vielleicht ist sogar von Selbstmitleid oder niedriger Frustrationstoleranz die Rede, weil die Führungskraft trotz ihrer herausragenden Position nicht solchen Aufgaben wie einem Schlechte-Nachrichten-Gespräch ausweichen kann.

Ein bisschen Anspannung ist verständlich, aber die oben genannten Emotionen sind sehr störend, wenn es darum geht, ein Ziel zu erreichen. Die Folge sind Halbherzigkeit und unklare oder auf später verschobene Aussagen, die Mitarbeiter nervös oder wütend machen können.

Bei Mitarbeiter- und Beurteilungsgesprächen besteht die Schwierigkeit darin, dass dabei Feedback gegeben werden muss. Wir befürchten dann, dass wir mit unseren Bemerkungen falsch liegen könnten, oder, dass der andere unsere Rückmeldung nicht akzeptiert und sich verbal zur Wehr setzt. Auch kann uns die verinnerlichte, fordernde Norm, dass es „sich nicht gehört“ oder „zu soft und anbiedernd“ ist, das Verhalten eines anderen zu kommentieren, im Weg stehen.

Mitarbeiter- und Beurteilungsgespräche können Emotionen wie Angst vor einer starken, negativen Reaktion des anderen auslösen oder das

Gefühl der Verärgerung, weil der andere seine Arbeitsweise nicht aus eigener Initiative verbessert hat, so dass es überhaupt erst notwendig wurde, einzugreifen. Es gibt natürlich auch Momente der Zufriedenheit, wenn man beispielsweise sehr gute Leistungen zu besprechen hat, aber das sind in der Regel nicht die Gespräche, die den Vorgesetzen auf ineffektive Gedanken bringen.

Es ist viel über die Wahrnehmungs- und Beurteilungsfehler, die einem Vorgesetzten bewusst oder unbewusst bei der Leistungseinschätzung von Mitarbeitern unterlaufen können, geschrieben worden. Außer, dass der Beurteilte sich gekränkt fühlen und dem Beurteiler künftig die Sympathie entziehen könnte, kann es auch passieren, dass wieder andere, denen das Urteil zu Ohren kommt, den Beurteiler unsympathisch, hart oder ungerecht finden. Andererseits kann ein Beurteiler, der jemanden sehr positiv einschätzt, den Vorwurf ernten, er würde bestimmte Personen bevorzugen und damit für Ungerechtigkeit sorgen. Beschäftigt man sich vorab zu viel damit, ob man beliebt ist oder ob man gerecht ist, läuft man Gefahr, dass das Beurteilungssystem kaum zwischen guter und schlechter Leistung unterscheidet.

Ein jeder würde dann ein „ausreichend“ bis „befriedigend“ bekommen. Betont positive oder betont negative Beurteilungen können problematisch sein. Wenn ein Beurteilungssystem nicht gut funktioniert, muss es eventuell verbessert oder nachjustiert werden oder der Beurteiler muss geschult werden. Solche Maßnahmen können aber nicht fruchten, wenn der wirkliche Hintergrund, nämlich „ein zu ausgeprägtes Bedürfnis, geliebt und geschätzt zu werden“, nicht thematisiert wird.

Sandwich

Beispiel

Nach zwei schwierigen Jahren hat der Vorstand beschlossen, dass es nur eine Möglichkeit gibt, den pharmazeutischen Betrieb konkurrenzfähig zu erhalten, nämlich durch eine Erhöhung der Zielvorgaben der Verkäufer.

Die Führungskräfte auf der mittleren Managementebene bekamen die schwierige Aufgabe, diese Maßnahme mit den Beteiligten zu besprechen und in den einzelnen Verkaufsteams durchzusetzen. Es war allen klar, dass dies eine aufwändige und undankbare Aufgabe war. Nach schwierigen sechs Monaten, in denen die Veränderung durchgeführt wurde, folgte eine Evaluation dieser Zeitspanne. Es zeigte sich, dass im mittleren Management, grob unterteilt, zwei Gruppen entstanden waren. Die erste Gruppe hatte sich einem Problem gestellt: Die Manager in dieser Gruppe hatten eine schwierige und komplexe Aufgabe zu bewältigen. Die Mitglieder der zweiten Gruppe sahen sich konfrontiert mit zwei Problemen: Sie hatten eine schwierige und komplexe Aufgabe zu bewältigen und sie fühlten sich obendrein frustriert.

Wir heben, auf die Gefahr hin, uns zu wiederholen, noch einmal hervor: Die RET behauptet nicht, dass man alles gut und schön finden muss. Das mittlere Management aus dem obigen Beispiel hat vermutlich insgesamt eine schwierige Zeit hinter sich. Es ist also weder wahrscheinlich noch logisch, dass bei den Führungskräften dieser Unternehmensebene eitel Sonnenschein herrschte. Sie sind in eine Sandwich-Position geraten, zwischen dem Auftrag von oben und den Wünschen der Mitarbeiter. Viele Manager waren selbst mit der Maßnahme nicht einverstanden, aber sie mussten sie dennoch durchsetzen und mit den Widerständen in ihren Teams zurechtkommen.

Häufig vorkommende irrationale Gedanken bei Führungskräften, die in einer Sandwich-Situation stecken, sind:

- Es ist nicht fair, dass ich diese ungerechte Politik verkaufen muss.
- Ich habe es wirklich schwer; die anderen müssen das verstehen und mir entgegen kommen.
- Ich habe ein Recht auf mehr Einfluss.
- Niemand versteht mich.
- Jetzt erwartet mich sicherlich Streit mit allen Mitarbeitern und das ist scheußlich.
- Ich bin nicht wichtig genug, als dass ich bei meinem Chef protestieren könnte.

Die rationale Alternative wäre hier: Einfluss nehmen, wo man Einfluss nehmen kann und akzeptieren, was man nicht ändern kann. Und: Akzeptieren, dass man manchmal um Dinge gebeten wird, die nicht einfach zu machen sind. Ein Teamleiter in der Sandwich-Position tut sich keinen Gefallen damit, wenn er fordert, dass er selbst oder die Situation, in der er sich befindet, anders sein müsste.

Irrationale Gedanken, die bei den verschiedenen Führungsstilen Probleme erzeugen

In den vorherigen Passagen haben wir einige spezielle Situationen beschrieben, die irrationale Gedanken auslösen können. Doch auch ohne besondere Auslöser ist es bei Führungskräften oft so, dass sie übertriebene Erwartungen an sich selbst und an ihr Umfeld haben. Die US-amerikanischen Forscher, Unternehmer und Autoren [Ergänzung der Ü.] Paul Hersey und Kenneth Blanchard haben ein praktisches Modell für Führungskräfte entwickelt, das wertvolle Hinweise für die Wahl des geeigneten Führungsstils gibt. Sie haben für die Bestimmung des idealen Führungsstils, die Variablen „Reifegrad" der Mitarbeiter sowie Motivation und Selbstvertrauen identifiziert. In ihrem Modell werden vier Führungsstile genauer betrachtet: (1) Unterweisen, (2) Überzeugen, (3) Beteiligen (oder Partizipieren) und (4) Delegieren. *Unterweisen* (S1) passt zu Mitarbeitern, die (noch) keinen hohen „Reifegrad", keine Motivation beziehungsweise keine Sicherheit besitzen. Kennzeichnend für diesen Stil ist, dass die Aufgabenorientierung im Vordergrund steht und weniger die Förderung von Eigenverantwortung und Eigeninitiative des Mitarbeiters. Überzeugen (S2) kommt dann als Führungsstil in Frage, wenn der Mitarbeiter (noch) nicht sehr fähig und eigenverantwortlich, aber motiviert ist. Die Führungsarbeit ist noch stark aufgabenorientiert, aber es gibt auch Raum für das Engagement und die Eigeninitiative des Mitarbeiters. Es wird beispielsweise ausdrücklich erklärt, warum die Arbeit so oder so getan werden muss. *Beteiligen (Partizipieren)* (S3) ist laut Hersey und Blanchard der richtige Führungsstil für Mitarbeiter, die die Aufgabe an sich gut beherrschen, sich dennoch nicht wirklich sicher fühlen oder aber nicht sehr motiviert sind. Dieser Führungsstil beinhaltet, dass sich der Vorgesetzte weitgehend aus der Aufgabe an sich zurückzieht, sich aber um die Hürden, Unsicherheiten und Blockaden, die den Mitarbeiter in diesem Stadium hemmen können, kümmert. *Delegieren* (S4) schließlich ist den Mitarbeitern vorbehalten, die die Arbeit gut beherrschen, motiviert sind und sich keine großen Sorgen machen. Bei diesem Führungsstil bekommt der Mitarbeiter die Freiheit, seine Arbeit so zu machen, wie er es gern möchte. Der Vorgesetzte hält sich sowohl bei der Aufgabe als auch bei beziehungsorientierten Themen wie Motivation und Selbstsicherheit zurück.

Die vier Führungsstile sind eine Richtlinie, um die eigenen Führungsaufgaben möglichst effektiv umzusetzen. In der Praxis ist es dennoch schwierig, den richtigen Stil zu finden. Das kann zu einem Teil damit zusammenhängen, dass die richtige Einschätzung des geeigneten Stils für einen Mitarbeiter schwierig ist; es kann aber auch auf die fehlende Kompetenz der Führungskraft zurückgehen. Für den Vorgesetzten, der die Aufgaben selbst bis ins kleinste Detail beherrscht, ist es oftmals eine große Herausforderung, seine Anweisungen genau auf den Kenntnisstand des Mitarbeiters abzustimmen. Die größten Hemmschwellen bei der Anwendung des „richtigen" Führungsstils sind allerdings wiederum unproduktive Gedanken.

Es gibt einen unproduktiven Gedanken, der sich bei allen vier Führungsstilen bemerkbar machen kann:

> *Ich würde als Mitarbeiter eine solche Führung nicht wollen, deshalb führe ich meinen Mitarbeiter auch nicht so.*

Vorgesetzte wählen manchmal den Führungsstil, den sie sich selbst von einem Vorgesetzten wünschen würden. Leider hat das nicht immer die erhoffte Wirkung. Der Gedanke, dass persönliche Vorlieben für einen Führungsstil von anderen geteilt werden, führt in die Irre. Ihre Mitarbeiter sind nicht wie Sie und wünschen sich nicht automatisch von einem Vorgesetzten dasselbe, das Sie sich wünschen würden.

Im Folgenden haben wir zu jedem der vier Führungsstile einige häufig vorkommende, unproduktive Gedanken zusammengestellt, die uns daran hindern, einen speziellen Führungsstil anzuwenden. Die Aufzählung dieser unproduktiven Gedanken ist keineswegs vollständig, Sie werden sicherlich eigene mentale Blockaden entdecken, die Sie vom richtigen Stil abhalten.

Einige unproduktive Überzeugungen, die Vorgesetzte davon abhalten, Anweisungen an ihr Personal zu geben (S1):

- Mein Mitarbeiter muss von selbst darauf kommen.
- Ich vermittle meinem Gegenüber den Eindruck, er sei dumm, wenn ich eine Anweisung gebe.
- Es ist mir zu anstrengend, von A bis Z zu erklären, wie die Arbeit genau gemacht werden muss.
- Ich habe kein Recht dazu, andere herum zu kommandieren.

Ein Vorgesetzter, der bei sich selbst Widerstände oder Anspannungen wahrnimmt, die von diesen Überzeugungen her stammen, tut gut daran, sich bewusst zu machen, dass vor allem neue Mitarbeiter ein Bedürfnis nach Struktur und Klarheit haben. So klar und eindeutig die Arbeit für den Vorgesetzten sein mag: Es ist nicht logisch, davon auszugehen, dass der Mitarbeiter alles sofort und im Detail versteht und beherrscht. Vorgesetzte befürchten, dass sie als dominant und als störend wahrgenommen werden, wenn sie Anweisungen geben, aber Mitarbeiter finden es viel störender, wenn es an Deutlichkeit fehlt. Fehlende Anweisungen und die Frage an den neuen Mitarbeiter, wie er die Sache selbst sieht und wie er an die Aufgabe herangehen würde, kann Unsicherheit und Irritation bei dem Mitarbeiter auslösen. Jemandem die Botschaft zu vermitteln, dass er über die inhaltlichen Aspekte der Aufgabe noch viel zu lernen habe, bedeutet nicht, ihm die Botschaft zu vermitteln, er sei dumm. Und wenn ein Mitarbeiter diese Interpretation doch machen sollte, kann ein offenes Gespräch über den Unterschied zwischen „Reifegrad" in Bezug auf die Aufgabe und Intelligenz mehr ausrichten als konfliktvermeidendes Verhalten.

Einige unproduktive Überzeugungen, die Vorgesetzte davon abhalten, ihre Mitarbeiter zu überzeugen (S2):

- Mir fehlt die Zeit, um den Mitarbeitern alles genau zu erklären und sie so zu überzeugen und zu führen.
- Es ist für einen unerfahrenen Mitarbeiter motivierender, wenn ich sage: „Ich habe vollstes Vertrauen, dass Sie bei diesem Projekt auch ohne meine Hilfe ausgezeichnet zurechtkommen werden." Er wird dann sicher viele Fehler machen und daraus lernen.

- Ich beleidige den Mitarbeiter, wenn ich mich auf diese Weise in seine Aufgabe einmische. Er wird mich dann unsympathisch finden.
- Ich habe nicht das Recht, den Mitarbeitern ständig auf die Finger zu schauen.
- Ich kann das selbst nicht leiden, wenn mir dauernd auf die Finger geschaut wird, deshalb mache ich das bei meinen Mitarbeitern auch nicht.
- Ich brauche diese Art von Führung bei meiner Arbeit nicht und meine Mitarbeiter brauchen sie auch nicht.

Führen kostet Zeit und wenn man für Führungsarbeit bezahlt wird, sollte man dieser Aufgabe erste Priorität einräumen. Das ist vielleicht nicht immer angenehm, aber es gehört auf jeden Fall zum Job. Und, noch einmal: Es ist nicht per se beleidigend oder demotivierend, sich intensiv um die Mitarbeiterführung zu kümmern, auch wenn der eine oder andere Mitarbeiter das gelegentlich anders sieht. Statistisch gesehen steht dem Vorgesetzten in jedem Team ein Drittel der Leute positiv gegenüber, ein Drittel manchmal positiv manchmal negativ und ein Drittel schätzt die Gesellschaft des Vorgesetzten nicht besonders, unabhängig davon, wie freundlich und entgegenkommend sich dieser gibt.

Wenn man jemandem mit einem stumpfen Beil zum Bäumefällen in den Wald schickt, ist das für einen Mitarbeiter nicht besonders motivierend, sondern sehr frustrierend, weil er es nicht schaffen wird, Bäume zu fällen. Dieser Mitarbeiter muss sich dann auch noch mit der wenig unerfreulichen Aussicht konfrontieren, dass er nun das ihm entgegengebrachte Vertrauen seines Vorgesetzten enttäuscht hat.

Einige unproduktive Überzeugungen, die Vorgesetzte davon abhalten, Aufgaben mit den Mitarbeitern zu besprechen und diese dann selbst eine Lösung finden zu lassen (S3):

- Ein solcher Stil wirkt viel zu „weich“, passt nicht zu unserer Organisation, außerdem darf ich als Chef nicht so „weich“ rüberkommen.
- Die Probleme meiner Mitarbeiter gehen mich nichts an. Ich darf mich da nicht einmischen.

- Als Vorgesetzter habe ich mich um die inhaltlichen Aspekte der Aufgabe zu kümmern und nicht darum, wie jemand sich dabei fühlt. Ich bin doch kein Psychiater.
- Mir ist das zu kompliziert und außerdem viel zu zeitaufwändig. Wenn ein Mitarbeiter die Arbeit gut beherrscht, aber unsicher ist, dann muss er sich eben selbst darum bemühen, seine Unsicherheit zu überwinden und eine Lösung für seine Probleme zu finden.
- Das ist doch unhöflich nach Lösungen zu fragen, wenn man längst welche im Kopf hat.
- Ich kann mir nicht vorstellen, dass dieser Mitarbeiter den Job schafft und es ist schlicht katastrophal, wenn die Arbeit nicht ordentlich gemacht wird.
- Wenn ich so ein Gespräch führen soll, verliere ich womöglich die Kontrolle über das Gespräch und das geht gar nicht.

Talent und Können sind nicht dasselbe wie das eigene *Vertrauen* in das Talent und das Können. Die meisten Menschen kommen regelmäßig in Situationen, in denen sie Mut machende Unterstützung gut gebrauchen können, auch dann, wenn sie meinen, bereits auf dem richtigen Weg zu sein. Die Vorstellung, dass ein Vorgesetzter seine Leute nur auf die inhaltlichen Aspekte der Aufgaben ansprechen darf, ist hoffnungslos veraltet. Die Erkenntnis, dass hinter dem Mitarbeiter ein Mensch mit persönlichen Sicherheiten und Unsicherheiten, mit Vorlieben und Abneigungen, mit guten und schlechten Phasen steckt und der professionelle Umgang mit diesem Wissen ist nicht „weich". Es ist vielmehr ein Beleg für gute Mitarbeiterführung. Menschen lernen außerdem schneller, wenn sie motiviert sind und wenn sie mithilfe eines sie beratenden Gesprächspartners ihre Fähigkeiten, Probleme zu lösen, stärken. Das kostet Zeit und es verlangt Einsatz, aber es führt dazu, dass die Mitarbeiter ihrer Arbeit mit größerem Vertrauen und mehr Motivation gegenüber stehen.

Einige unproduktive Überzeugungen, die Vorgesetzte davon abhalten, an ihre Mitarbeiter zu delegieren (S4):

- Ich kann doch nicht alles aus den Händen geben, alles loslassen!
- Wenn ich die Dinge delegiere, verliere ich am Ende die Kontrolle und dann bin ich als Vorgesetzter gescheitert.

- Es ist einfach nicht sehr entgegenkommend, die Mitarbeiter ins kalte Wasser zu werfen. Sie könnten (durch meine Nachlässigkeit) ertrinken.
- Die Mitarbeiter werden mich, wenn ich delegiere, als wenig engagierten Manager sehen, das kann ich nicht zulassen.
- Wenn ich an die Mitarbeiter delegiere, muss ich die Arbeit inhaltlich loslassen, aber mir ist die Arbeit selbst sehr wichtig. Mein Job würde mir ohne diese Arbeit nicht gefallen, das wäre doch entsetzlich.
- Ich mache mich doch überflüssig, wenn ich delegiere und wofür soll ich im Betrieb dann noch wichtig sein?
- Obwohl der Mitarbeiter so weit wäre, dass ich an ihn delegieren könnte, mache ich es nicht. Es kostet mich zu viel Mühe, genau zu erklären, was im Ergebnis herauskommen soll; ich halte ihn lieber an der kurzen Leine, sodass ich die Ziele immer noch korrigieren kann.
- Mir fehlt das Vertrauen, dass dieser Mitarbeiter den Job alleine kann und wenn am Ende eine schlampige Arbeit dabei herauskommt, ist das inakzeptabel.
- Ich kann es selbst schneller und besser. Wenn mein Mitarbeiter einen Fehler macht, muss ich dafür gerade stehen, das ist für mich unerträglich.

Delegieren ist nicht gleichbedeutend mit Loslassen. Wer loslässt, kümmert sich nicht mehr um den weiteren Fortgang der Dinge. Aus der Sicht der „Ergebnisorientierten Führung“ heißt delegieren: Mit dem Mitarbeiter besprechen, welches Ergebnis innerhalb welcher Zeitspanne erreicht werden muss. Oder anders gesagt: Es wird das *WAS* vereinbart und innerhalb bestimmter, vorab festgelegter Nebenbedingungen darf der Mitarbeiter selbst das *WIE* bestimmen. Dem Mitarbeiter kommt hierbei die Aufgabe zu, rechtzeitig zu kommunizieren, wenn er glaubt, das Ergebnis nicht zu erreichen. Der Vorgesetzte hat dann entsprechende Hilfe zu leisten.

Delegieren ist für viele Manager der schwierigste Führungsstil überhaupt, weil sie Angst vor dem Loslassen haben und weil oft Widerwillen vorhanden ist, im Vorfeld darüber nachzudenken, welches Ergebnis erreicht werden muss. Der Vorgesetzte, der gern einen Blick über die Schulter des Mitarbeiters wirft, unangekündigte Zwischenberichte verlangt und immer wieder Vorschläge oder Anpassungswünsche einbringt, delegiert nicht, sondern er lenkt. Er fürchtet vielleicht, dass alles unwiderruflich schief geht, wenn er nicht immer wieder einschreitet. Sollte Letzteres allerdings stimmen, dann ist möglicherweise der Führungsstil S4 nicht die richtige Wahl für die Mitarbeiter. Wenn der Vorgesetzte damit nicht Recht hat, ist er dabei seine Mitarbeiter zu demotivieren und kurz zu halten. Und, der Vorgesetzte, der das Endergebnis nicht kontrolliert, führt nicht, er delegiert auch nicht, er lässt die Dinge schleifen.

Die Kraft des Modells von Hersey und Blanchard liegt in der Tatsache, dass es deutlich macht, dass nicht jeder Mitarbeiter dieselbe Art von Führung braucht. Dadurch untergräbt es die hartnäckige irrationale Vorstellung, dass *„jeder nur dann gerecht behandelt wird, wenn alle gleich behandelt werden."* Eltern, die vier Kinder in unterschiedlichen Altersstufen erziehen, werden diese Vorstellung sowieso lachend verwerfen und mit der Mitarbeiterführung verhält es sich genauso. Uniformität und Gerechtigkeit sind keine identischen Begriffe. Wie bereits erwähnt, liegt die Überzeugung „Ich darf andere Menschen keineswegs anders behandeln als ich selbst behandelt werden möchte" nur allzu oft auf der Lauer. Diese Schlussfolgerung ist nämlich voreilig getroffen, wenn nicht vorher mit dem Mitarbeiter sorgfältig besprochen wurde, welches Maß an Einsatz er sich von seinem Vorgesetzten wünscht, sowohl in Bezug auf inhaltliche Aspekte der Arbeit als auch auf beziehungsorientierte Aspekte.

Warum ist nicht jeder so wie ich?

Annemarie K.

Annemarie K. ist seit vielen Jahren erfolgreich als Lehrerin einer Realschule tätig und möchte sich einer neuen Herausforderung stellen. Die Chance, Konrektorin zu werden, kam deshalb wie gerufen. Vieles geht ihr gleich gut von der Hand: Sie hat junge, neue Lehrerinnen und Lehrer einstellen können und konnte andere Lehrer dazu bewegen, die Qualität ihres Unterrichts zu überprüfen und zu verbessern. Was sie allerdings enttäuscht, ist die mangelnde Bereitschaft vieler

Lehrer, sich außerhalb des Unterrichts an Aktivitäten zu beteiligen, wie Exkursionen zu begleiten, am Schultheater mitzuwirken, Nachhilfestunden für schwächere Schüler zu organisieren. Nach dem Unterricht gehen die Lehrerinnen und Lehrer mit den Arbeiten in der Tasche nach Hause und sind nicht mehr verfügbar, obwohl allgemein Einigkeit darüber herrscht, dass die zusätzlichen Aktivitäten der Schule und den Schülern Nutzen bringen. Die Konrektorin versteht diese Haltung nicht; ihre persönliche Auffassung ist die, dass man für den Arbeitgeber verfügbar sein muss, denn das gehört sich so.

Wenn jeder Mensch auf der Welt seine Arbeit reibungslos machen würde, gäbe es nur noch ein paar Strategen, betriebliche Entscheidungsträger und ein paar Leute, die den Gesamtüberblick haben, aber Manager würde man nicht mehr brauchen. Wer für Führungsaufgaben eingesetzt wird, kann davon ausgehen, dass er mit Dingen konfrontiert wird, die nicht so laufen, wie sie sollten. Neben „handhaben und leiten" stehen im Duden unter dem Begriff „managen" die Wörter „bewerkstelligen" und „bewältigen" und nicht „zurücklehnen und zusehen, wie alles perfekt läuft und alle dieselbe, gute Arbeitshaltung zeigen." Würden wir überhaupt noch Manager brauchen, wenn alle alles so machen würden, wie es sein soll?

Als Manager kann man sich natürlich über diese ungeschminkte Realität nicht freuen. Es kostet Nerven, wenn die Dinge nicht so laufen, wie man es gern hätte. Aber, als Vorgesetzter zu fordern, jeder müsse seine Arbeit so gut machen, wie man selbst, führt nicht nur zu Spannungen, sondern macht, dass die Mitarbeiter diese Haltung ablehnen. Ein viel besserer Weg ist: Überzeugen, Einfluss ausüben und Vereinbarungen treffen. Es klingt widersprüchlich, aber es funktioniert besser, wenn ein Manager von der Annahme ausgeht, dass jeder Mensch sich auf seine Weise in Beziehung zur Arbeit bringt, und mit dieser Haltung seine Aktivitäten gestaltet. Eine angemessene Emotion für den Fall, dass man in der Führungsverantwortung steht und die Dinge nicht so laufen, wie man es sich wünscht, ist: eine leichte Besorgnis. Das motiviert eine Führungskraft dazu, Einfluss zu nehmen. Blinde Wut zeigt langfristig wenig Wirkung.

14 Morgen mache ich es ganz bestimmt!

Aufschiebeverhalten (Prokrastination)

Das Aufschiebeverhalten, auch Prokrastination genannt, ist keine gute Gesellschaft für Menschen, die gern mit sich im Reinen sind. Man gerät leicht in einen Teufelskreis, der bewirkt, dass es einem immer schwerer fällt, sich zu etwas aufzuraffen und dass man sich zunehmend mit sich selbst unwohl fühlt. Bei den meisten Menschen sind es bestimmte Dinge, die sie so lange wie möglich hinauszögern. Das können unwichtige Dinge sein: ein unangenehmes Telefonat, Aufräumen, die Aktualisierung des elektronischen Kalenders, Rasen mähen. Das Problem wird größer, wenn es beim Aufschieben um wichtige Dinge geht, wie das Beenden des Studiums, Aufhören mit dem Rauchen, Abschließen einer Lebensversicherung oder die Aufklärung der eigenen Kinder.

Bei allen Fällen von Aufschiebeverhalten gilt:

1. Es handelt sich um etwas, das uns sehr schwerfällt.
2. Die Sache erledigt sich nicht von selbst, Nichtstun ist keine Lösung.
3. Weiteres Aufschieben und weitere Untätigkeit vergrößern die Wahrscheinlichkeit von Angst- und Schuldgefühlen.
4. Endlich doch etwas zu unternehmen, führt zu Erleichterung

Beispiel

„Einer meiner Mitarbeiter in der Finanzverwaltung funktioniert nicht so, wie er soll. Er macht ständig Fehler, wobei es um Beträge geht, die unsere Organisation in große Schwierigkeiten bringen können. Abrechnungen interner Mitarbeiter sind oft fehlerhaft, so dass entweder zu viel oder zu wenig ausbezahlt wird oder dass verärgerte Leute eine Berichtigung verlangen. Der Kontakt zu manchen Kunden hat bereits Risse bekommen, weil wir aufgrund falscher Berechnungen dieses Mitarbeiters Rechnungen, die um mehrere Tausend Euro überhöht waren, verschickt haben. Ich habe diesen Mitarbeiter schon mehrfach ermahnt, aber es gelingt mir nicht, ihn wirklich zu erreichen. Ich habe auch schon einiges probiert, ihn dazu zu bewegen, bessere Arbeit zu liefern, aber nichts hat geholfen. Da jetzt sein Vertrag von einem Jahr ausläuft, muss ich ihm mitteilen, dass er keinen unbefristeten Vertrag bekommt und dass er nicht länger hier arbeiten kann. Auf die eine oder andere Weise verschiebe ich dieses Gespräch nun schon seit drei Wochen. In der ersten Woche weil ich Angst hatte vor seiner überraschten und zweifelsohne verärgerten Reaktion. Ich habe einen riesigen Konflikt vor mir gesehen und wollte dem aus dem Weg gehen. In der zweiten Woche drückte die Sache schon schwerer und zu der Sorge kam die Vorstellung dazu, wie scheußlich das für mich ist, in einer Position zu sein, in der ich den Buhmann spielen muss. In der zweiten Woche gesellte sich auch noch Verärgerung hinzu. Verärgerung über die Situation und über die Tatsache, dass ich diese elende Aufgabe vor mir habe. Auch Verärgerung über den Mitarbeiter, der schlechte Arbeit liefert, dabei unbelehrbar ist und mich deshalb in diese blöde Situation gebracht hat. Jetzt, in der dritten Woche, fühle ich mich auch noch schuldig. Er ist der Hauptverdiener in einer Familie mit kleinen Kindern und es ist derzeit nicht einfach, eine Arbeitsstelle zu finden. Es ist besser, wenn er möglichst bald erfährt, was Sache ist und nicht erst einen Tag, bevor der Vertrag endet. Außerdem komme ich mir wie ein Weichei vor, weil ich die Sache nicht einfach erledige. Als erfahrener Abteilungsleiter müsste ich es doch besser wissen. ... Jetzt leide ich unter einem Gefühlscocktail und weiß nicht, wie ich aus der Sache wieder herauskomme. Jeden Tag nehme ich mir vor: Morgen bitte ich ihn zu mir, morgen mache ich es wirklich! Aber stattdessen beschäftige ich mich anderweitig und mache mir vor, dass ich gut arbeite."

Das beste Heilmittel gegen Prokrastination dürfte niemanden überraschen. Es lautet: nicht länger aufschieben, sondern erledigen. Aber diese Empfehlung ist gar nichts wert, wenn man nicht erst den wahren Ursprung des Aufschiebeverhaltens untersucht.

Aufschiebeverhalten: Ursprung und indirekter Gewinn

Die meisten Menschen schieben aus *Angst vor Unannehmlichkeiten* Dinge vor sich her. Sie erzeugen bei sich selbst das Gefühl der Verärgerung oder der Angst und zwar mit ihrer Forderung, ihr Leben müsse immer angenehm und ohne Unannehmlichkeiten verlaufen und mit ihrer Überzeugung, dass sie Unannehmlichkeiten nicht aushalten. Sie finden (bewusst oder unbewusst), dass sie es nicht verdient haben, vor dieser unschönen Aufgabe zu stehen, dass es ihnen hätte erspart werden müssen, in diese Situation zu kommen. Je mehr wir dazu neigen, eine bequeme Position für uns selbst zu fordern und je mehr Angst wir vor unangenehmen, unbequemen Situation haben, desto größer ist die Wahrscheinlichkeit, dass wir Dinge aufschieben. Aufschiebeverhalten wird als Strategie angewandt, um Unannehmlichkeiten zu vermeiden; wir wollen uns nicht bewusst in eine unbequeme Situation bringen. Doch die Strategie erweist sich als unproduktiv: Die Situation wird vermieden, aber die Unannehmlichkeit nicht. Die meisten wissen schließlich aus Erfahrung, dass das Aufschieben nicht dazu führt, dass wir dann weniger grübeln, im Gegenteil, das Aufschiebeverhalten führt zu einem anderen, sehr unangenehmen Gefühl, zu einem *Schuldgefühl.* Dieses Schuldgefühl entsteht durch Selbstvorwürfe wegen des Aufschiebens. Das Aufschieben vergrößert nicht nur die Sorge und die Empörung wegen der drohenden Unannehmlichkeiten, sondern, in zweiter Linie, Schuldgefühle. Oft führt es zu übertriebenem Selbstmitleid, schlaflosen Nächten, überschrittenen Deadlines, mäßiger Arbeitsleistung, Verzögerungen auf dem beruflichen Karriereweg und fragwürdigem Umgang mit anderen Menschen.

Aufschiebeverhalten kann auch die *Angst vor dem Scheitern* zum Hintergrund haben. Manche Aktivitäten konfrontieren uns mit unseren persönlichen Grenzen. Das macht Angst und deshalb gehen wir diesen Dingen lieber aus dem Weg. Nehmen wir einmal an, Sie haben Ihren Kollegen versprochen, eine Stellungnahme zu einem bestimmten Thema zu schreiben. Jedes Mal, wenn Sie daran denken, werden Sie schon allein bei der Vorstellung nervös: „Kann ich das überhaupt? – Blamiere ich mich nicht?“ Durch das unangenehme Gefühl, das Sie spüren, kommt die Neigung, das Schreiben aufzuschieben und etwas Schönes, Entspannendes zu machen. Vielleicht kennen Sie auch die entsprechenden Ausreden: „Ich habe gerade keine Inspiration“ oder „Am Wochenende habe ich mehr Zeit, um mich zu konzentrieren.“ Hier spielt also nicht nur die Angst vor Unannehmlichkeiten eine Rolle, sondern auch eine perfektionistische Argumentation, die Angst verursacht: „Wenn ich es nicht gut hinkriege, sehen mich die anderen als unfähig an, blamiere ich mich“ etc.

Manchmal spielen im Hintergrund auch *Grandiositätsfantasien* eine Rolle. Das sind unsere Fantasien über die großartigen Dinge, zu denen wir uns in der Lage sehen. „Eigentlich bin ich ein großer Schriftsteller, Maler, Musiker oder Wissenschaftler, es muss sich nur einmal richtig zeigen.“ Im Englischen nennt man das Phänomen „Walter Mitty-Syndrom“ nach dem Roman von James Thurber. Die Figur des Walter Mitty, später mit Danny Kaye in der Hauptrolle verfilmt, entzieht sich mithilfe seiner Tagträume über fantastische Erlebnisse und große Heldentaten, die er vollbringt, der Trostlosigkeit des Alltags. Durch das Aufschieben tatsächlicher Handlungen können Walter Mitty-Fantasien aufrechterhalten werden. Die Konfrontation mit den eigenen Beschränkungen könnte sich als zu schmerzhaft erweisen. Vielleicht finden sich manche chronischen Aufschieber in diesem Walter Mitty-Denken wieder.

Wege aus der Aufschieberitis

Es ist logisch, dass Menschen versuchen, Unannehmlichkeiten so weit wie möglich aus ihrem Leben fernzuhalten. Gehen wir einmal von diesem gesunden Anliegen als Richtschnur aus und fragen uns: Wie effektiv ist das Aufschiebeverhalten in diesem Zusammenhang eigentlich?

Stellen Sie sich vor, Sie erhalten einen lästigen Auftrag. Damit stehen Sie vor einem Problem und einigen Unannehmlichkeiten: „Ich habe eine unangenehme Sache zu erledigen.“ Wenn Sie die Erledigung des Auftrags hinauszögern, holen Sie sich noch mehr Unannehmlichkeiten ins Haus: „Ich finde es unerträglich, dass ich das machen muss; ich will das nicht.“ Nach einiger Zeit kommen weitere Unannehmlichkeiten auf Sie zu: „Ich fühle mich schuldig, weil ich diesen Auftrag immer noch vor mir her schiebe.“

Das Problem einer Person, die eine unangenehme Sache nicht verschiebt:
1. „Ich muss etwas Unangenehmes tun.“

Die Probleme einer Person, die eine unangenehme Sache verschiebt:
1. „Ich muss etwas Unangenehmes tun.“
2. „Das ist mir eine unerträgliche Last.“

3. „Ich fühle mich schuldig, bin unzufrieden mit meinem Aufschiebeverhalten."

Wer von diesen beiden Personen hat weniger Unannehmlichkeiten?

Niemand muss sich über Unangenehmes freuen. Leider sind unangenehme Dinge in der Form von Verantwortlichkeiten, Rückschlägen und unerfreulichen Entwicklungen ein nicht zu vermeidender Teil des Lebens. So schlimm es für uns auch sein mag: Manche Dinge erledigen sich nicht von selbst. So wie es Aktivitäten gibt, die wir gerne machen, an denen wir Freude haben, gibt es Aktivitäten, die uns zuwider sind. Wir können leider mit niemandem einen Deal machen, wodurch uns garantiert würde, dass wir ein Leben lang frei von Ärger und Verdruss bleiben, während der Rest der Welt sich damit abfinden muss. Noch nie hat es einen Menschen gegeben, der ein Leben gänzlich ohne Widrigkeiten geführt hätte. Unsere Lebensbedingungen und Lebensumstände werden nicht dadurch leichter, *weil* wir es gern so hätten. Aufschiebeverhalten ist wie eine verschleiernde Rauchwolke: Man nimmt sich selbst den freien Blick auf ein Problem, das sich nicht von alleine löst und man leidet darunter.

Hilfreiche Fragen bei Aufschiebeverhalten:

- Welche negative Bedeutung hat dieser Job, diese Angelegenheit für mich als Person?
- Wie realistisch ist der Gedanke, dass sich diese Unannehmlichkeit vermeiden lässt?
- Besitze ich einen rechtsgültigen Vertrag, der mich vor dieser Unannehmlichkeit schützen kann?
- Finde ich es schrecklich oder eher unangenehm, dass ich das tun muss?
- Wenn ich weiter die Sache vor mir herschiebe, löst sich damit das Problem oder wird es dadurch schlimmer?
- Fühle ich mich besser, wenn ich den Job immer weiter verschiebe?
- Wenn ich künftig solche Jobs nicht mehr vor mir herschiebe, wird mein Leben dann unerträglich?
- Ist es möglich, mein Leben zu leben, ohne ab und zu auf Dinge zu stoßen, die mir keine Freude machen?
- Was bringt es mir, wenn ich das Aufschieben sein lasse?

Falsche Strategien im Umgang mit dem Aufschiebeverhalten

Das Verschieben von Aufgaben führt, wie wir bereits gesagt haben, häufig zu Schuldgefühlen oder anderen unerfreulichen Emotionen. Das hat damit zu tun, dass wir uns gern als vernünftige, verantwortungsbewusste Wesen betrachten, die versuchen, alles irgendwie Schädliche zu vermeiden.

Die Entwicklung von Schuldgefühlen ist ein gutes Beispiel für ein nachgeordnetes Problem, d. h. ein Problem, das aus der Tatsache erwächst, dass man ein Problem hat. Die irrationalen Überzeugungen betreffen hier eine Verurteilung der eigenen Person, weil man mit einer Sache ein Problem hat. Das emotionale Problem wird auf diese Weise doppelt so schwer. Die Tatsache, dass man ein Problem hat: „Ich schiebe schwierige Dinge vor mir her" stellt ein neues A dar und führt zu einem neuen C (Schuldgefühle) durch die Selbstverurteilung, B.

Schematisch dargestellt:
A1: Ich muss etwas Unangenehmes tun B1: Das ist mir unerträglich. C1: Ich fürchte mich vor dieser Unannehmlichkeit und verschiebe die Sache. A2: Ich verschiebe. B2: Ich bin ein Feigling. C2: Ich fühle mich schuldig.

Der zweite Teil, A2, B2, C2, wird das nachgeordnete oder sekundäre Problem genannt. Darauf werden wir in Kapitel 16 ausführlich zu sprechen kommen.

Wir wollen niemanden dazu ermuntern, sich aufgrund von irgendetwas übertrieben schuldig zu fühlen. Wenn sich jemand aber wegen irgendetwas schuldig gemacht hat, ist er deshalb noch kein schlechter Mensch oder ein Dummkopf. Aufschiebeverhalten ist zudem sehr menschlich, so wie es menschlich ist, sich zu irren oder einen Fehler zu machen:

Nicht unbedingt erfreulich, aber es passiert uns allen von Zeit zu Zeit. Andererseits können Schuldgefühle auch den entsprechenden Impuls setzen, das ursprüngliche Problem, nämlich das wiederholte Aufschieben, hiermit anzupacken. Wer sich immer wieder kurzfristig beruhigt, indem er das Unerfreuliche verschiebt und sich selbst einredet, dass Schuldgefühle unangebracht sind, bringt sich nur noch mehr in die Bredouille. Schuldgefühle sind die unerwünschte Nebenwirkung eines Medikaments, das man gar nicht einzunehmen brauchte, wenn man das ursprüngliche Problem gleich zu Beginn aktiv gelöst hätte. Das bedeutet: Aufhören mit dem Verschieben.

Eine weitere, falsche Strategie ist es, zu *relativieren.* Wir können uns zwar vormachen, dass Probleme sich von selbst erledigen und wenn dies tatsächlich einmal geschieht, haben wir Glück gehabt. Aber, so zu tun, als bestünde ein Problem nicht, obwohl es doch unverkennbar vorhanden ist, ist unproduktiv und unrealistisch. Besser ist, bedingungslos zu akzeptieren, dass im Leben immer wieder einmal unangenehme Dinge auftreten. Und, es ist besser, wenn wir diese unangenehmen Dinge hinter uns haben und nicht vor uns.

15 Warum ständig Veränderungen?

Widerstand gegen Veränderung

Beispiel

Vater: „Nun hör mir doch mal zu, Martin: Der Umzug in den Norden findet auf jeden Fall statt. Ich kann dort eine gute Arbeitsstelle bekommen. Deine Mutter ist mit dem Umzug einverstanden. Ihr ist es wichtig, dass wir ein größeres Haus kaufen können. Es ist für uns alle das Beste."

Martin: „Ich will aber nicht in den Norden. Ich will hier bleiben, bei meinen Freunden und ich will auch in dieser Schule bleiben."

Vater: „Du wirst sehen, dass du dich ganz schnell eingewöhnen wirst. Du wirst neue Freunde finden und wir suchen eine tolle Schule für dich."

Martin: „Ich will aber nicht!"

Weinend rennt Martin aus dem Zimmer und schlägt die Tür mit einem lauten Knall hinter sich zu.

Widerstand gegen Veränderung macht sich in allen Bereichen unseres Lebens bemerkbar. In diesem Beispiel von Martin spielen verschiedene Emotionen eine Rolle. Dass er *verärgert* ist, zeigt sich an seinem Verhalten. Durch die Entscheidung seiner Eltern muss er umziehen und in eine neue Schule gehen. Er ist der Meinung, dass diese Ungerechtigkeit nicht stattfinden darf. Vermutlich spielt auch eine *niedrige Frustrationstoleranz* mit: So etwas Unerwünschtes darf mir nicht angetan werden. Und eine Portion *Angst*: Werde ich das schaffen? Werde ich wieder so nette Freunde finden? Kann ich das, neue Kontakte knüpfen? Schaffe ich die neue Schule? Und zu allem kommt wohl noch *Kummer* dazu: Wie schrecklich, dass ich mich von meinen jetzigen Freunden und Lehrern verabschieden muss.

Erwachsene zeigen Emotionen weniger direkt als Kinder. Die Reaktionen selbst unterscheiden sich aber – bei vergleichbaren Veränderungen – kaum. Erstaunlich ist, dass so wenig Rücksicht darauf genommen wird. Noch immer sind Manager überrascht, wenn sie merken, dass die Betriebsangehörigen wenig rational auf Veränderungen reagieren. „Es ist doch klar, dass diese Veränderung kommen muss." Ein Manager sagte uns: „Es muss doch möglich sein, den Leuten verständlich zu machen, dass ihre Abteilung aufgelöst werden muss. Es ist längst bekannt, dass die Abteilung Verluste macht. Warum reagieren die Leute dann so emotional und irrational auf unsere Pläne?" Als ob es normal wäre, dass Menschen rational und emotionsfrei auf die Streichung ihrer Stellen reagieren würden.

Die Angst vor Veränderungen

Veränderungen bringen immer Unsicherheiten mit sich. Man kennt, was man hat und alles andere ist nicht vorhersehbar und unsicher. Es gibt Unterschiede, wie der Einzelne mit solchen Unsicherheiten fertig wird, aber alle Menschen kennen die Spannung, die Veränderungen bringen. Manchmal empfinden Menschen Unsicherheiten sogar als angenehme Form von Spannung: Denken Sie zum Beispiel an Bergsteiger oder Rennfahrer oder an Aktivitäten, bei denen es darum geht, Gefahren beherrschen zu lernen. Spannung und Angst spielen dabei eine Rolle, werden als beherrschbar erlebt und sorgen für den „Kick". Ein anderes Beispiel ist ein spannender Film mit einer unerwarteten, gruseligen Wendung. Der Zuschauer spürt zwar Angst und Spannung, kann sie aber kontrollieren, weil er weiß, dass es nur ein Film ist.

Große Veränderungen, wie Umstrukturierungen in einem Betrieb oder einer Organisation können von einem Einzelnen nur sehr beschränkt beeinflusst oder kontrolliert werden. Solche Veränderungen werden in der Regel von anderen beschlossen und durchgesetzt und der einzelne Mitarbeiter hat wenig Kontrolle über seine eigene Zukunft und die des Betriebs. Betroffene, die die Konsequenzen solcher Veränderungen zu spüren bekommen, machen sich ihre eigenen Vorstellungen und Fantasien in Bezug auf die drohenden Gefahren. Bekommt man einen Chef, den man nicht selbst ausgewählt hat, macht man sich Gedanken über seine Zukunft: „Wird er es ähnlich gut mit mir meinen, wie der vorherige Chef? Vielleicht ist er dagegen, dass Frauen eine solche Arbeit machen. Vielleicht hat er ganz andere Qualitätsansprüche, die ich nicht erfüllen kann. Was bedeutet das dann für mich?"

Auch wenn es darum geht, dass man künftig eine andere Arbeit übernehmen soll, kommt man gern ins Grübeln, ob man es schaffen wird, diese Arbeit zu erlernen. Vielleicht wird man ja in der Zukunft jämmerlich versagen. Ein gutes Beispiel ist die Einführung des PCs in den 1980er Jahren. Viele Beschäftigte in Sekretariaten im mittleren Lebensalter weigerten sich vehement gegen diese Neuerung. Der ablehnenden Haltung lagen Fantasien wie: „Das lerne ich nie, ich mache mich lächerlich, ich werde mich blamieren" zugrunde. Und es spielte (nicht einmal ganz zu Unrecht) die Fantasie mit, dass durch die Einführung der PCs viele Stellen verschwinden würden, da ein beträchtlicher Teil der Schreibarbeit überflüssig würde. Diese Ängste und die entsprechenden Fantasien über drohende Gefahren können die (manchmal unbewussten) Auslöser für den Widerstand gegen Veränderungen sein.

Frustration und Ärger bei Veränderungen

Veränderungen können auch Schwierigkeiten mit sich bringen. Man muss erst wieder zu Routineabläufen und den wie selbstverständlich funktionierenden Dingen finden. Martin, der Junge, der in den Norden umzieht, wird sich darum bemühen müssen, neue Freunde zu finden und seine Lehrer kennenzulernen. Er muss noch herausfinden, wo das Schwimmbad ist und bei welchem Sportclub er mitmachen möchte. Was selbstverständlich war, ist es vorübergehend nicht mehr. Veränderungen führen immer zu allerlei „Umständen", die man nicht so gern haben möchte. „Es lief doch alles so gut, warum jetzt dieses Durcheinander?

Auf der kognitiven Ebene ist hier niedrige Frustrationstoleranz ein entscheidendes Thema: „Ich will keine nervigen Sachen auf den Tisch bekommen." Manchmal geht es bei Frustration und Angst auch um die Gerechtigkeitsforderung: „Sie (die Teamleiter oder andere Entscheider) dürfen uns das nicht antun" oder „Das ist ungerecht, dass dies ausgerechnet uns, die wir uns so für das Unternehmen eingesetzt haben, angetan wird" oder „Die Veränderung darf erst durchgeführt werden, wenn alles mit uns geklärt wurde."

Beratung und Widerstände gegen Veränderungen

In den vorher genannten Beispielen geht es immer um eine Person (oder mehrere Personen), die in einer Machtposition ist und die eine Veränderung beschlossen hat. Der Vater hat entschieden, dass Martin umziehen muss. Die Verhältnisse ändern sich, wenn man selbst eine Veränderung beschlossen hat. Beispiel: Ein Klient fragt einen Coach: „Ich habe ein Problem, was kann ich tun oder was muss ich verändern, um das Problem zu lösen?" Der Patient fragt den Arzt: „Wie kann ich meine Kurzatmigkeit überwinden?" Die medizinische Empfehlung lautet vielleicht: „Dann müssen Sie mit dem Rauchen aufhören." Oder ein Anwalt rät: „Es wäre wohl besser, sich scheiden zu lassen", wenn es um eine zerrüttete Beziehung geht. Die Schwierigkeit ist, dass die Befolgung dieser Ratschläge mit allerlei emotionalen Konsequenzen einhergeht, weshalb sie (auch wenn sie richtig sind) manchmal doch nicht befolgt werden. Also, auch wenn man selbst ein Problem festgestellt hat und von außen Rat gesucht hat, stößt eine erforderliche Veränderung dennoch auf Widerstand – weil Emotionen im Spiel sind. Unerfahrene Berater sehen sich mit der Tatsache konfrontiert, dass ihre Empfehlungen nicht befolgt werden, obwohl die Betroffenen selbst um Rat gebeten hatten. Noch unverständlicher wird es, wenn ein Berater oder Coach in einer solchen Situation den Frust vor die Füße gekippt bekommt. So kann es vorkommen, dass der Anwalt, der zur Scheidung rät, zu hören bekommt, er hätte nichts verstanden, er sei ein Unmensch, der sich keine Vorstellungen von den Folgen für die Kinder macht. Oder es wird einem Finanzberater, der bei der Entschuldung behilflich ist, gesagt, er würde normale Menschen nicht verstehen, er könne sich ja nicht einmal in einen Klienten versetzen, dem ein Breitbildfernseher ein primäres Bedürfnis ist.

Hinter den Fragen nach Beratung und hinter Veränderungswünschen verbergen sich nicht selten starke ambivalente Empfindungen: „Ich möchte mich gerne anders verhalten, aber das macht mich zugleich unsicher und deshalb vermeide ich es." Oder: „Ich möchte gern einiges verändern, es sollte aber nicht zu schwierig sein." Es gehört zu den Grundkompetenzen eines beratenden Gesprächspartners bei Veränderungswünschen, mit diesen Ambivalenzen umgehen zu können. Beraten ist ein komplizierter Prozess und nicht ein einfaches Frage- und Antwortspiel (siehe dazu auch IJzermans, 1996).

Führungskräfte, die mit der Durchführung von Veränderungen zu tun haben, können viele Probleme vermeiden, wenn sie die zugrunde liegenden Emotionen und Vorstellungen, die Widerstände auslösen, ernst nehmen. Es geht schließlich um natürliche emotionale Reaktionen bei Veränderungsprozessen.

Mit Widerständen richtig umgehen

Wenn Sie *für die Veränderung verantwortlich* sind, sollten Sie sich bewusst machen, dass eine Veränderung bei den meisten Menschen zunächst auf Ablehnung stößt. Dies zu akzeptieren und den Betroffenen zuzuhören, sind die wesentlichen Schlüssel um eine gute Gesprächsbasis zu schaffen.

Einfach ist das nicht, vor allem, wenn Sie davon überzeugt sind, schon alles getan zu haben, um die Leute auf diese Veränderung vorzubereiten. Leider ist nicht jeder bzw. jede in der Akzeptanz der Veränderung schon so weit wie Sie selbst. Das ist bedauerlich, aber es ist die Realität und Sie tun gut daran, diese Realität zu akzeptieren. Nicht jeder bzw. jede hat Ihr Vorwissen und nicht jeder bzw. jede teilt Ihre Sichtweise. Sie können also gar nicht davon ausgehen, dass die betroffenen Menschen die Veränderung sofort und ohne Widerstand akzeptieren. Menschen brauchen Zeit, Aufmerksamkeit und eine Gewöhnungsphase, um eine Veränderung zuzulassen. Mit der entsprechenden Haltung können Sie, als derjenige, der für die Veränderung verantwortlich ist, besser überzeugen.

Beispiel

Der Direktor, der die Umstrukturierung veranlasst hat, hat einen Traum. Er will aus der schwerfälligen bürokratischen Abteilung, die er leitet, eine unternehmerisch denkende, marktorientierte Gruppe bilden, die selbst die Initiative ergreift. Mithilfe eines Unternehmensberaters und der Unterstützung des Vorstands hat er einen exzellenten Plan entwickelt, mit dem sich der Traum verwirklichen ließe. Das große Hindernis ist der Widerstand innerhalb der Abteilung. Die Leute reagieren ablehnend, ängstlich und zurückhaltend. Diese Reaktion versetzt den Direktor abwechselnd in Wut und Verzweiflung.

Der Punkt, an dem die Sache scheitern könnte, ist der, dass der Direktor erwartet, die Leute in der Abteilung träumten denselben Traum wie er. Das ist aber nicht so, sie träumen von völlig anderen Dingen.

Ein zweiter Tipp für jemanden, der eine Veränderung durchführen will, ist, die inhaltlichen Bedenken nicht sofort zurückzuweisen. So gut er/sie die möglichen Auswirkungen einer Veränderung auch einkalkuliert haben mag: Vermutlich sind dennoch nicht alle Betroffenen gehört worden. Kritische Stimmen zu negieren ist dasselbe wie zu glauben, man sei selbst unfehlbar gewesen bei der Vorbereitung der Veränderung. Wie wir aber bereits besprochen haben, unter anderem in dem Kapitel über Perfektionismus, ist Unfehlbarkeit eine Illusion. Man sollte sich nicht dazu hinreißen lassen, die kritischen Stimmen der Leute, die auf der operativen Ebene von den Veränderungen betroffen sind, als „Widerstand gegen Veränderungen“ abzutun. Schon allein die Verwendung dieses Ausdrucks erscheint in der heutigen Zeit wie eine Disqualifikation. Gerne zitieren wir an dieser Stelle einen Kollegen, der dazu Folgendes sagte: „Wenn meine Frau sich nach dreißig Jahren glücklicher Ehe einem Geliebten zuwenden würde und ich dagegen protestieren würde, kann sie dann sagen: Du willst nur keine Veränderungen. Würde mein Protest mich disqualifizieren?“

Wenn Sie derjenige sind, der *mit der Veränderung konfrontiert* wird, sollten Sie, bevor Sie sich bedroht fühlen und hinter einer Mauer des Widerstands verschanzen, zuerst überlegen, ob Sie ausreichend Fakten und Hintergründe zu der angekündigten Veränderung kennen. Vielleicht sind die Folgeerscheinungen annehmlich oder sogar in Ihrem Interesse. Falls das nicht so ist, können Sie noch überlegen, ob Ihr Widerstand Sinn macht, ob Sie die Veränderung dadurch abwenden können oder zumindest in Maßen gegensteuern können. Wenn das tatsächlich so ist, dann ist Ihr Widerstand funktional. Bei der RET gilt: „Tu, was du tun kannst, um deine Situation zu beeinflussen, akzeptiere, was du nicht ändern kannst.“ Wenn die Veränderung dann doch stattfindet, egal, wie Ihre Reaktion war, besteht die Gefahr, dass Sie sich ein zweites Problem dazu packen.

Problem 1: Es kommt eine für mich unvorteilhafte Veränderung auf mich zu.
Problem 2: Ich ertrage das nicht.

Es könnte möglicherweise helfen, sich bewusst zu machen, dass, so gern wir das auch hätten, nicht alles im Leben vorteilhaft und angenehm ist. Die Realität ist nun einmal die, dass Veränderungen stattfinden. Manche sind erwünscht, andere leider nicht.

Beispiel

Möglicherweise müssen Sie sich nur an die Veränderung gewöhnen: Anlässlich der Weltausstellung von 1889 wurde im Herzen von Paris ein riesiges Gebilde aus Stahl, das der französischen Ingenieur Eiffel entwickelt hatte, errichtet. Die meisten Einwohner von Paris waren verblüfft und verärgert: Was sollte das hässliche Ding da in ihrer schönen Stadt? Der Turm sollte sogar mit Platten bedeckt werden, soweit ist es aber nie gekommen. Heutzutage denkt Paris ganz anders über den Eiffelturm.

16 Mein Problem ist, dass ich ein Problem habe

Harald W.-S.

Harald W.-S. ist Projektleiter bei einer großen städtischen Behörde. In seinem Projekt geht es um die Einführung eines Systems, das einen besseren Überblick über die Einnahmen und Ausgaben der Behörde ermöglichen soll. In vier Monaten muss die Aufgabe beendet sein. Einige am Projekt beteiligte Personen halten sich regelmäßig nicht an die Absprachen. Harald W.-S. missfällt das immer mehr. Er findet, dass die Leute sich an die Absprachen halten müssen. Letzten Freitag hat er dann erfahren, dass die Feuerwehr bis auf weiteres keine Zahlen liefern kann. Doch schon vor Monaten hat der Projektleiter mit den Verantwortlichen bei der Feuerwehr den Termin abgemacht, die Deadline ist nächste Woche. Wie immer wird er mit allerlei Ausreden abgespeist. Harald W.-S. ist sehr verärgert und macht sich außerdem Sorgen, dass er durch diese Verzögerung das Projekt nicht rechtzeitig abschließen kann. Die Sache beschäftigt ihn die ganze Woche. Er ist innerlich abwesend, seine Frau fragt sich, was mit ihm los ist.

Anton v. Z.

Anton v. Z. ist Abteilungsleiter bei derselben Behörde. Letzte Woche ist er mehrfach einem Mitarbeiter gegenüber verbal entgleist. Anton v. Z. macht sich Gedanken über sein Verhalten: Er findet seine Wortwahl nicht angemessen für einen Abteilungsleiter. Diese unkontrollierte Wut zeigt doch klar, dass er nicht geeignet für diesen Job ist. Am Wochenende denkt er über sein Scheitern in der Woche vorher nach. Er fühlt sich vor allem sehr verunsichert.

Sowohl bei Harald W.-S. als auch bei Anton v. Z. spielen Emotionen, die Probleme und Stress auslösen, eine große Rolle. In beiden Fällen sind es die Emotionen Wut und Unsicherheit. Es gibt aber einen bedeutenden Unterschied: Bei Harald W.-S. erwachsen die Emotionen aus einer einzigen Situation. Dadurch, dass er nicht rechtzeitig mit Daten versorgt wird, kann er womöglich sein Projekt nicht rechtzeitig beenden und das macht ihn wütend und unsicher. Der Auslöser für diese beiden Emotionen ist ein und dasselbe Ereignis, das Ausbleiben der notwendigen Information. Die Vorstellung „jetzt werde ich scheitern, es wird sich zeigen: ich kann es nicht“ führt zu Unsicherheit; die Vorstellung „sie müssen sich an die Vereinbarungen halten“ erzeugt Wut. Es ist wichtig, diese beiden Emotionen zu unterscheiden, weil sie mit verschiedenen Gedanken und Überzeugungen zusammenhängen.

Im Fall von Anton v. Z. geht es um etwas anderes. Er leidet genau genommen unter zwei verschiedenen Situationen, wobei die eine Wut auf andere Menschen verursacht und die andere Wut auf sich selbst. Auch Anton v. Z. bekommt es mit zwei Emotionen, Wut und Unsicherheit zu tun, aber eine der beiden Emotionen, die Unsicherheit, erwächst aus der vorherigen Emotion, der Wut. Anton v. Z. verurteilt sich selbst, weil er so ungehalten und wütend war. Er zieht daraus die Schlussfolgerung, seine emotionale Reaktion würde offenbaren, dass er sich nicht zum Abteilungsleiter eignet. Durch diese negative Bewertung der eigenen Person wird er selbst unsicher.

Die RET unterscheidet bei solchen aufeinanderfolgenden Emotionen zwischen der primären und der sekundären Ebene. Die primäre Ebene ist die Reaktion auf eine schwierige Situation, die sekundäre Ebene zeigt die Reaktion auf die eigene Emotion, beziehungsweise das eigene Verhalten. Die sekundäre Ebene ist – wenn man so möchte – das Problem wegen des Problems. In die RET-Terminologie übertragen, kann man sagen: Das C wird das neue A. Sekundäre Probleme können sich in unterschiedlicher Weise zeigen. Anhand einiger Beispiele wollen wir uns die Erscheinungsformen näher ansehen.

Verlust des Selbstwerts

Das Beispiel von Anton v. Z. veranschaulicht, wie dieser, wegen seines Wutanfalls, seine Eignung als Führungskraft anzweifelt. „Ich bin nicht gut für die Führungsposition, ein guter Vorgesetzter wäre jemand, der sich besser beherrschen kann.“ Diese negative Selbsteinschätzung kann über die Funktion als Führungskraft hinausgehen, beispielsweise: „Siehst du, ich reagiere wütend, das heißt, ich bin nicht erwachsen.“ Diese Bewertung der eigenen Person in Folge eines emotionalen Problems kommt häufig vor.

Sehen Sie sich folgende Beispiele an:

- „Ich traue mich nicht, auf die Kritik zu reagieren, ich bin somit ein ziemlicher Feigling."
- „Ich bin wütend auf mein Kind, ich bin deshalb eine schlechte Mutter."
- „Ich zittere während der Sitzung vor Aufregung. Das lässt auf eine labile Persönlichkeit schließen."
- „Ich habe meine Nerven nicht unter Kontrolle, d. h. dass ich in einem helfenden Beruf eine Fehlbesetzung bin."

Es dürfte klar sein, dass durch die Selbstverurteilung die emotionalen Folgen der doch schon schwierigen Situationen noch weiter verschlimmert werden können. Dadurch entsteht nicht nur ein zweites Problem, sondern erheblicher zusätzlicher Stress, der schließlich zu einem unentwirrbaren Knoten aus negativen Emotionen und Stress führen kann. Manchmal wiegt das sekundäre Problem sogar noch schwerer als das primäre. Durch die Selbstverurteilung kann es zu permanenten Schuldgefühle, Niedergeschlagenheit und einem Mangel an Selbstvertrauen kommen. Manchmal ist eben die liebevolle Akzeptanz der eigenen Person mit allen persönlichen Schwächen das hilfreichste Mittel bei emotionalen Problemen. Dies ist oft der Kern der Arbeit am sekundären Problem. Die Mutter, die hin und wieder ärgerliche Gefühle ihrem Kind gegenüber entwickelt, und die gelernt hat, die gnadenlose Selbstverurteilung zu stoppen, hat damit das emotionale Problem zu einem großen Teil gelöst, weil sie sich weniger schuldig fühlt. Wir gehen davon aus, dass sie ihr Kind nicht misshandelt, sondern sich nur ärgert, wenn das Kind Dinge tut, die sehr stören. Der zitierte Mitarbeiter im helfenden Beruf leidet weniger unter dem Problem, wenn er seine schwachen Nerven akzeptiert, weil er dann zumindest sein Selbstvertrauen behält.

Scham

Das sekundäre Problem besteht oft aus Scham und Angst vor der Sichtbarkeit der Emotionen. Lampenfieber und andere soziale Ängste gehen zu einem großen Teil auf das Konto der Sorge um die Sichtbarkeit der eigenen Emotionen. „Hauptsache, niemand sieht, dass ich zittere." „Hoffentlich werde ich nicht rot." „Was werden die Leute von mir denken, wenn ich stottere und stammele."

Aufregende Momente wie eine Lesung vor Publikum oder ein Bewerbungsgespräch werden durch die Angst und die Scham vor der Sichtbarkeit von Emotionen nur noch schlimmer. Oft ist es gerade der sekundäre Teil des Problems, der verantwortlich dafür ist, dass die Angst und die Scham so überhand nehmen, dass man in der Situation nicht mehr gut funktioniert. Der sekundäre Teil ist häufig auch verantwortlich dafür, dass dasjenige, wovor wir uns fürchten, gerade deshalb eintritt. Die Angst vor der Angst verschlägt uns dann beispielsweise die Sprache. Man gerät in einen Teufelskreis. Bei vielen Phobien steht diese Angst vor der Angst im Mittelpunkt. Die phobischen Beschwerden werden im Rahmen dieses Buches natürlich nicht berücksichtigt. Festgestellt werden kann aber, dass viele alltägliche Probleme wie Lampenfieber und Keine-Worte-Finden in einem schwierigen Gespräch eine ähnliche Struktur haben. Das sekundäre Problem, die Angst vor den Symptomen der Angst, ist zentral.

Ich ertrage das nicht

Neben negativen Schlussfolgerungen über die eigene Person oder der Scham darüber, dass man dieses Problem hat, schwingt gelegentlich auch die Überzeugung mit, dass man den Emotionen nicht gewachsen ist. Die Angst vor dem Kontrollverlust ist ein Beispiel dafür. In der extremsten Ausprägung denkt man, vor Angst schier verrückt zu werden. Beispiel: Man ärgert sich und denkt: „Gleich kann ich mich nicht mehr zurückhalten und werde handgreiflich." Oder: Man fühlt sich ängstlich und denkt: „Ich werde gleich etwas Verrücktes tun und kann das nicht mehr stoppen." Solche Gedanken sind manchmal dafür verantwortlich, dass man die schwierigen Situationen vermeidet, weil man fürchtet, die unerwünschten Emotionen könnten dann auftreten. „Ich bewerbe mich gar nicht, weil meine Nerven das nicht mitmachen." „Ich nehme die Einladung zur Präsentation nicht an, weil ich die Situation nicht ertrage." „Ich will gar nicht befördert werden, das ist mir zu viel Stress."

Das sekundäre Problem und das Vermeidungsverhalten werden hier vor allem durch die irrationale Vorstellung einer niedrigen Frustrationstoleranz verursacht: „Ich ertrage das nicht." „Das ist mir zu schwierig." „Das Leben darf nicht so schwierig sein."

Wie packt man die sekundären Probleme am besten an?

Das Wichtigste ist, zunächst die sekundären Probleme als solche überhaupt zu erkennen. Man muss erst einmal wahrnehmen, dass auch ein C – das emotionale Problem – ein A sein kann für ein weiteres ABC. Erst, wenn man das erkannt hat, kann man ein richtiges ABC aufstellen und damit arbeiten. Wie so oft ist auch hier die Problemanalyse ein wichtiger erster Schritt. Oftmals ist nicht die Tatsache, dass man wütend ist, das Hauptproblem, sondern der Umstand, dass man sich deshalb verurteilt. Auch Spannung oder Angst an sich sind nicht notwendigerweise das entscheidende Problem, sondern die Sorge, andere könnten unsere Spannung oder Angst bemerken und uns daraufhin ablehnen. Wenn man auf diese Art das richtige (sekundäre) ABC aufgeschrieben hat, sind die nächsten Schritte dieselben, wie wir sie in den vorherigen Kapiteln bei der Disputation gesehen haben.

Sie können sich dann diese oder ähnliche Fragen stellen:

- *Warum ist das so schrecklich, wenn andere sehen, dass ich aufgeregt bin?*
- *Bin ich dadurch, dass ich mich manchmal nicht gut beherrschen kann, ein schlechter Chef?*
- *Wie oft habe ich schon Blödsinn gemacht, nur weil ich sehr nervös war?*

Des Weiteren können Sie Verhaltensübungen, wie in Kapitel 4 besprochen, machen, beispielsweise die Risiko-Übungen. Dabei begeben Sie sich genau in jene Situationen, die Sie nervös werden lassen. Auf diese Weise können Sie die Erfahrung machen, dass Sie im Großen und Ganzen völlig normal funktionieren können, auch, wenn sie nervös sind. Oder Sie bereden mit einem Kollegen, der ebenfalls eine Führungsposition innehat, dass Sie sich manchmal so sehr über etwas ärgern. Ist der Kollege auch der Ansicht, Sie sollten sich einen anderen Beruf suchen?

Anhang

Das Acht-Schritte-Modell:

Schritt 1
Beschreiben Sie das A, das Ereignis bzw. die Situation, welche ein unerwünschtes Gefühl und/oder dysfunktionales Verhalten bei Ihnen auslöst.

Schritt 2
Beschreiben Sie das C. Von welchem unerwünschten, unproduktiven Gefühl und welchem damit verbundenen Verhalten ist hier die Rede?

Schritt 3
Was ist das B? Welche Gedanken lösen das C aus? Benennen Sie die Interpretationen und vor allem auch die Bewertungen.

Schritt 4
Formulieren Sie das gewünschte, angestrebte C. Wie wollen Sie sich in solchen Situationen fühlen? Wie wollen Sie sich verhalten?

Anmerkung: Bitte sorgen Sie dafür, dass Sie ein realistisches C wählen, also kein zu positives. Situationen können wirklich schwierig sein und Spannung erzeugen; auch das Verhalten anderer Leute kann richtig irritierend sein usw. Es geht hier um eine Minderung der Intensität von Emotionen, um unnötigen Stress und schlechtes Funktionieren einzudämmen.

Schritt 5
Stellen Sie die irrationalen Überzeugungen in Frage und stellen Sie sie zur Diskussion (bei Fragen, vgl. Kapitel 4)

Schritt 6
Ersetzen Sie die irrationalen Überzeugungen und Gedanken, die Sie unter B identifiziert haben, durch rationale Gedanken. Die Antworten auf die Fragen unter Schritte 5 liefern die Bausteine für die Formulierung dieser rationaleren Gedanken.

Schritt 7
Testen Sie das Ergebnis. Überprüfen Sie in der Vorstellung oder in der Realität, ob Sie durch die neuen Bs – die rationaleren Gedanken – in der Situation besser reagieren können. Wie fühlt es sich an, die Dinge so zu betrachten?

Schritt 8
Erarbeiten Sie ein Übungsprogramm und führen Sie es gewissenhaft durch, um die rationalere und produktivere Denkweise in Ihr Verhalten zu integrieren (vgl. Kapitel 5).

Literatur

Verwendete Literatur

Hersey, P. & Blanchard, K. (1988). *Management of Organizational Behavior.* New Jersey: Prentice Hall.

Jacobs, G. (1998). *Rationeel Emotieve Therapie. Een praktische gids voor hulpverleners.* Houten: Bohn, Stafleu & Van Loghum.

Neenan, M. & Dryden, W. (2001). *Life Coaching, A Cognitive Behavioral Approach.* New York: Brunner-Routledge.

Taylor, S. E. (1989). *Positive Illusions, Creative Selfdeception and the Healty Mind.* New York: Basic Books.

Walen, S., DiGuiseppe, R. & Dryden, W. (1992). *A Practioner's Guide to Rational Emotive Therapy.* New York, Oxford: Oxford University Press.

Literaturempfehlungen

Ellis, A. (1994). *Reason and Emotion in Psychotherapy*, (Revised Edition). New York: Birch Lane Press, Book.

Ellis, A. & Backx, W. (1991). *Moeten maakt gek.* Baarn: Anthos.

Ellis A. & Baldon, A. (1994). *RET, een andere kijk op problemen.* Zaltbommel: Thema.

IJzermans, T. (1996). *Het geheim van de moeilijke klant.* Zaltbommel: Thema.

IJzermans, T. (2003). *Alles perfect toch? Over illusies waarmee je jezelf gelukkig of ongelukkig kunt maken.* Zaltbommel: Thema.

IJzermans, T. & Di Mattia, D. (1993). *Produktief Denken. Handleiding voor trainers.* Meppel: Boom.

IJzermans, T. & Dirkx, C. (2012). *Wieder Ärger im Büro? Mit Emotionen am Arbeitsplatz konstruktiv umgehen.* Göttingen: Hogrefe.

Verhulst, J. (1991). *RET: Gezond verstand als therapie.* Lisse: Swets en Zeitlinger.

Walen, S., DiGuiseppe, R. & Dryden, W. (1992). *A Practioner's Guide to Rational Emotive Therapy.* New York, Oxford: Oxford University Press.

Die Autoren

Theo IJzermans (1944–2008), Psychologe, Psychotherapeut, Coach und Trainer, war viele Jahre als Dozent in der Ausbildung von Trainern und Beratern mit dem Bildungsinstitut Schouten & Nelissen im niederländischen Zaltbommel verbunden. Bis 1997 war er als Psychotherapeut bei RIAGG-Einrichtungen in Zaanstreek/Waterland tätig. Bis zu seinem Tod im Jahr 2008 unterhielt er zudem eine eigene psychotherapeutische Praxis in Amsterdam.

Zahlreiche Bücher von Theo IJzermans (teilweise mit Co-Autoren) sind im Thema Verlag in den Niederlanden erschienen.

Roderik Bender (geb. 1968) ist Psychologe, Trainer und Coach mit eigener Praxis in Amsterdam (www.bendercoaching.nl). Seit 1995 ist er beim Bildungsinstitut Schouten & Nelissen als Referent auf den Gebieten Stress, Wiedereingliederung am Arbeitsplatz, Kommunikation, Führung und Laufbahnmanagement sowie in der Trainer- und Beraterausbildung tätig. Seine Ausbildung zum RET-Therapeuten hat er am Albert Ellis Institut absolviert und ist dort seit 2002 als Supervisor anerkannt.

Neben mehreren Publikationen über RET ist Roderik Bender einer der Autoren des Buches: *Je kunt me nog meer vertellen! Persoonlijke communicatie op de werkvloer* (Bender, Timmermans & Wesseling, 2001, Thema Verlag).

Buchtipps

Theo IJzermans · Coen Dirkx

Wieder Ärger im Büro?

Mit Emotionen am Arbeitsplatz konstruktiv umgehen

2012, 74 Seiten, Kleinformat,
€ 14,95 / CHF 21,90
ISBN 978-3-8017-2472-6
E-Book € 12,99 / CHF 17,99

Eberhardt Hofmann

Verhaltens- und Kommunikationsstile

Erkennen und optimieren

2011, 214 Seiten, Kleinformat,
€ 19,95 / CHF 28,50
ISBN 978-3-8017-2346-0
E-Book € 16,99 / CHF 24,99

Lydia Fehm · Thomas Fydrich

Ratgeber Prüfungsangst

Informationen für Betroffene und Angehörige

(Ratgeber zur Reihe »Fortschritte der Psychotherapie«, Band 26)
2013, 106 Seiten, Kleinformat,
€ 12,95 / CHF 18,90
ISBN 978-3-8017-2048-3
E-Book € 10,99 / CHF 16,99

HOGREFE

Buchtipps

John P. Forsyth · Georg H. Eifert

Mit Ängsten und Sorgen erfolgreich umgehen

Ein Ratgeber für den achtsamen Weg in ein erfülltes Leben mit Hilfe von ACT

2010, 245 Seiten, Kleinformat,
inkl. CD-ROM, € 24,95 / CHF 35,50
ISBN 978-3-8017-2249-4

Eberhardt Hofmann

Erfolgreiches Stressmanagement

2013, 252 Seiten, Kleinformat,
€ 22,95 / CHF 32,90
ISBN 978-3-8017-2490-0
E-Book € 19,99 / CHF 27,99

Lydia Fehm · Hans-Ulrich Wittchen

Wenn Schüchternheit krank macht

Ein Selbsthilfeprogramm zur Bewältigung Sozialer Phobie

2., korrigierte Auflage 2009,
133 Seiten, Kleinformat,
€ 14,95 / CHF 21,90
ISBN 978-3-8017-2237-1
E-Book € 12,99 / CHF 17,99

HOGREFE